AF339119

ABBEVILLE. — IMP. BRIEZ, C. PAILLART ET RETAUX.

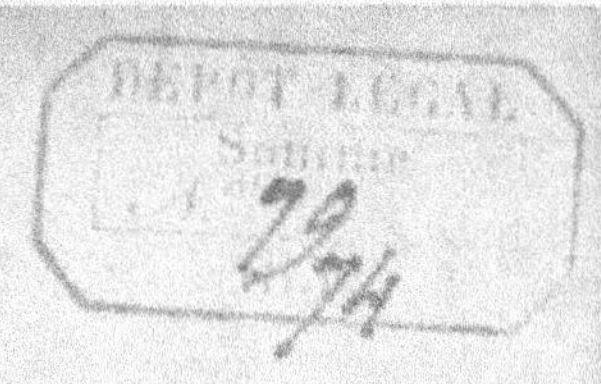


# LE MONDE

## AVANT

# LE DÉLUGE

PAR

## J. PIZZETTA

OUVRAGE ILLUSTRÉ DE 102 GRAVURES

P. BRUNET, ÉDITEUR

PARIS
LIBRAIRIE D'ÉDUCATION
GÉRANT: AMABLE RIGAUD, ÉDITEUR
33, QUAI DES AUGUSTINS, 33

# LE MONDE AVANT LE DÉLUGE

## CHAPITRE PREMIER



Qui de nous, au moins une fois dans sa vie, ne s'est adressé ces questions : Qu'est-ce que le monde? d'où vient le monde ? par quelles vicissitudes a-t-il passé ?

C'est là, en effet, un de ces problèmes qui se présentent tout d'abord à la pensée de l'homme intelligent, lorsqu'il jette sur tout ce qui l'environne, avec les yeux de l'esprit, ce regard curieux qui cherche le fond des choses.

Lorsqu'il voit passer devant lui, comme un immense spectacle, la terre et le ciel, le soleil et les étoiles, la mer et les fleuves, les montagnes neigeuses et les vallées verdoyantes, les arbres, les fleurs, les animaux, le monde, enfin, tout entier, déroulant sous son regard ses phénomènes merveilleux et ses décorations splendides, il éprouve une invincible curiosité ; il sent le besoin de se rendre raison de ce qu'il voit, de s'expliquer le spectacle dont il est non-seulement témoin mais encore acteur ; car, quelque vaste que soit la scène du monde, quelque petit et infime qu'il soit lui-même, l'homme a son rôle à jouer, sa raison d'être sur cette terre.

Malheureusement, le problème de l'univers dépasse notre intelligence ; les limites du monde fini sont celles de la science humaine ; elle ne saurait les dépasser. Dieu lui a dit, comme à l'Océan, tu n'iras pas plus loin ! La question des origines sera toujours pour l'homme un problème insoluble, mais que, poussé par une irrésistible curiosité, toujours, cependant, il a voulu résoudre.

De même que l'histoire des nations offre généralement deux périodes, l'une fabuleuse ou hypothétique, l'autre s'appuyant sur des documents authentiques, sur des monuments irrécusables, de même l'histoire de la terre présente deux phases distinctes. Au sujet du système planétaire, de l'origine de la terre, nous n'avons que des probabilités ou des hypothèses, qui, toutes vraisemblables qu'elles puissent être, ne sont pas appuyées sur des faits. Mais il n'en est plus de même lorsqu'on aborde l'histoire des révolutions du globe. La terre porte en elle-même gravées en caractères ineffaçables, les preuves des événements prodigieux dont elle a été le théâtre. La science, armée du flambeau de ses expériences et de ses découvertes, a fait surgir de son sein tout un monde nouveau inconnu à sa surface, et, comme un génie révélateur des secrets de la terre, elle nous guide par mille sentiers lumineux à travers ces immenses catacombes d'un monde qui n'est plus.

Mais, avant de pénétrer dans le domaine de l'histoire positive du globe, portons nos regards au delà, pour essayer d'atteindre le commencement même des choses. C'est une curiosité bien légitime, et, comme l'a dit saint Augustin : Dieu en donnant l'intelligence à l'homme lui a permis et lui a même imposé de méditer les pages sublimes de ses œuvres.

L'histoire de la terre est liée à celle de l'univers, et nous ne pouvons tenter de remonter jusqu'à son commencement sans élever notre pensée jusqu'à celui de l'univers lui-même, ou, tout au moins, du système planétaire dont notre globe fait partie.

L'espace qui nous entoure est infini, et le nombre des astres qui peuplent l'espace est infini comme lui, bien que nos yeux n'en découvrent relativement qu'un petit nombre.

Parmi ces astres, les uns sont fixes ou du moins paraissent conserver leurs distances respectives ; ce sont les étoiles ; les autres changent de place par rapport au soleil et aux étoiles ; ce sont les planètes, qui tournent autour du soleil. Les comètes sont des astres errants qui tournent également autour du soleil, mais qui, après s'en être approchés, s'en écartent à d'immenses distances, pour ne reparaître que longtemps après.

Chacune de ces innombrables étoiles dont le ciel nous semble parsemé est un véritable soleil, centre d'un système de planètes analogue au nôtre, qu'il éclaire et vivifie.

Tous ces mondes solaires font partie d'un immense groupe, la *voie lactée*, qui se dessine sur le ciel comme une zône blanchâtre et fait le tour de la voûte azurée. Cette voie lactée est un immense amas d'étoiles, ayant la forme d'un anneau dont le vide central serait occupé par notre système solaire et par les soleils les plus rapprochés du nôtre.

L'étoile la plus voisine de notre soleil est à une distance telle, que les unités de longueur habituelles ne suffisent plus pour en donner une idée claire ; il faut ici prendre pour terme de comparaison la vitesse de la lumière. Celle-ci parcourt 76,000 lieues par seconde et met huit minutes et quelques secondes pour franchir les trente-huit millions de lieues qui nous séparent du soleil. Malgré cette vitesse effrayante, un rayon lumineux parti de l'étoile la plus voisine de la terre met près de quatre ans pour arriver jusqu'à nous. Et il ne faut pas moins de vingt siècles pour que la lumière d'une des étoiles du disque de la voie lactée vienne frapper notre œil ! De sorte que si, par impossible, ce soleil venait à s'éteindre, les habitants de la terre le verraient encore briller à la même place dans le ciel, pendant deux mille ans, après qu'il n'existerait plus.

Eh bien, cette voie lactée, dont l'éloignement nous paraît si prodigieux qu'il faudrait au moins vingt chiffres pour nombrer sa distance en lieues, n'est elle-même qu'un point perdu dans l'espace. Ce n'est qu'une de ces nébuleuses que les télescopes nous montrent répandues à profusion dans le ciel, et dont chacune est une agglomération de quelque cinquante millions de systèmes solaires; et pour se transporter d'une nébuleuse à l'autre, il faudrait à la lumière plus de quatre cent mille ans.

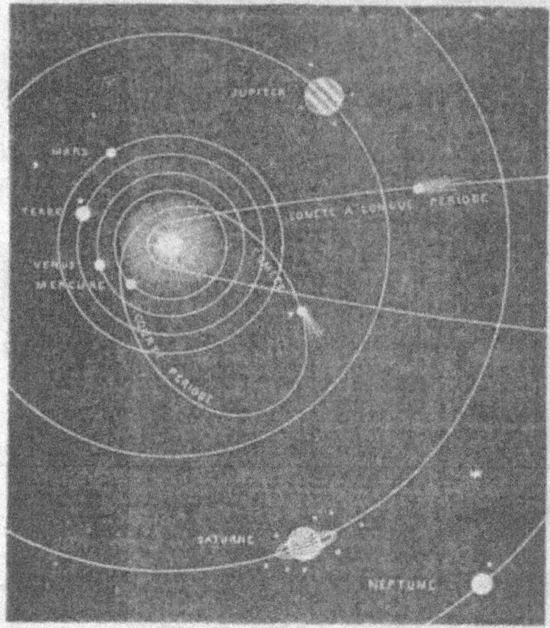



Fig. 1. — Notre système planétaire.

Toutes ces nébuleuses, tourbillonnant à leur tour autour d'un centre commun, forment un système immense qui n'est lui-même qu'un atome dans l'infini.

L'univers est donc un océan sans bornes, et, pour nous servir de la belle expression de Pascal, c'est un cercle immense dont le centre est partout et la circonférence nulle part.

Mais revenons à notre système planétaire qui, bien que fort amoindri par cette contemplation de l'infini, est encore digne de toute notre admiration.

Depuis le plus petit des atomes jusqu'au plus vaste des soleils, tous les corps s'attirent à travers l'espace, et ils s'attirent dans la proportion de leur masse et en raison inverse du carré de la distance. C'est en vertu de cette loi, imposée par l'Éternel et découverte par le génie de Newton, que les corps célestes exercent les uns sur les autres cette réciprocité d'action et de réaction qui les tient dans un équilibre commun et dans un accord unanime.

Notre système solaire se compose d'un globe central énorme, lumineux, le Soleil, qui, par sa puissante attraction, oblige un certain nombre de globes plus petits à décrire autour de lui des orbites à peu près circulaires. Ces globes errants sont les planètes, dont six seulement étaient connues des anciens ; ce sont, par ordre de distance au soleil : Mercure, Vénus, la Terre, Mars, Jupiter et Saturne. Depuis l'invention des télescopes, on a découvert deux autres grosses planètes, Uranus et Neptune, dont les orbites enveloppent celle de Saturne, et une centaine de planètes très-petites, qui pourraient bien n'être que les débris d'une grosse planète qui, à une époque très-reculée, aurait circulé entre Mars et Jupiter. Les astronomes et les géomètres sont parvenus à connaître quels sont la forme, la grandeur, le volume, le poids, la marche, non-seulement de la Terre, mais encore des autres planètes et du Soleil lui-même.

Le Soleil est un million quatre cent mille fois plus gros que la Terre, qui a cependant dix mille lieues de tour. Si l'on prend celle-ci comme terme de comparaison, en la représentant par 1, on aura pour la grosseur des diverses planètes : pour Mercure 0,06, Vénus 0,95, Mars 0,14, Jupiter 1414, Saturne 734, Uranus 82, Neptune 110. Quant aux distances qui séparent les diverses planètes du Soleil, si nous représentons par 1 l'intervalle compris entre l'astre radieux et la Terre, nous aurons : pour Mercure 0,38, pour Vénus 0,72, Mars 1,5, Jupiter 5, Saturne 9, Uranus 19 et Neptune 30.

Multipliez maintenant tous ces nombres par 38 millions de lieues, distance de la Terre au Soleil, et vous aurez une idée exacte de la vaste étendue qu'occupe dans les espaces célestes notre système solaire, qui n'est cependant qu'un point infime dans l'infini.

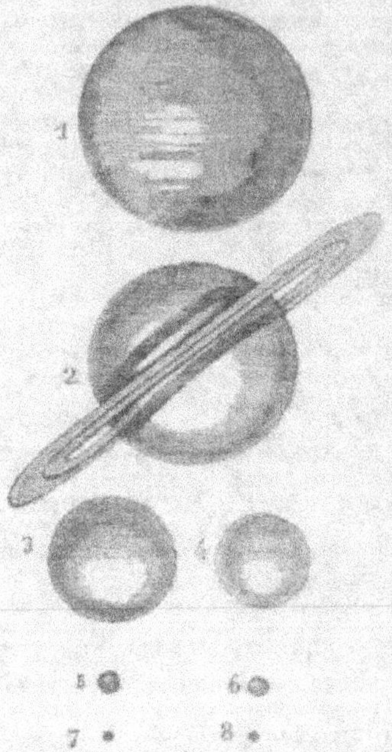

Les plus grosses planètes sont à leur tour le centre de petits systèmes analogues à ce système solaire; dans leur course autour du Soleil elles emportent un cortége de globes plus petits ou satellites, qui tournent autour d'elles, comme l'essieu d'une voiture entraîne dans sa marche un clou de la circonférence de la roue. La Terre n'a qu'un satellite, la Lune, Neptune n'en a qu'un comme la Terre, Jupiter et Uranus en ont chacun quatre, Saturne en a huit. Une autre singularité que présente Saturne c'est que cette planète est entourée, outre ses lunes, d'un anneau concentrique très-brillant.

Fig. 2. — Grosseur comparée des planètes.

1. Jupiter. — 2. Saturne. — 3. Neptune. — 4. Uranus. — 5. La Terre. — 6. Vénus. — 7. Mars. — 8. Mercure.

Tous ces globes, soleil, planètes et satellites, outre le mouvement de translation dont ils sont animés, tournent sur eux-mêmes comme une toupie qui court sur le sol.

Tous ces mouvements ont lieu dans le même

sens, les rotations sont uniformes, les orbites presque circulaires sont à peu près dans un même plan. Il y a donc là un véritable système soumis aux lois de la géométrie et de la mécanique; et il résulte de cet ensemble de rapports la probabilité qu'une seule et même cause a mis en mouvement tous les corps du système solaire.

# CHAPITRE II



Des hypothèses plus ou moins hardies, plus ou moins fondées ont été émises, dès les temps les plus reculés, sur l'origine des mondes. L'une des plus anciennes et des plus célèbres théories est, sans contredit, celle de Moïse, qui vivait 1700 ans avant notre ère ; et chacun connaît ce premier verset de la Genèse, à la fois si simple et si sublime : « Au commencement, Dieu créa le ciel et la terre ». Mais Buffon paraît être le premier qui ait tenté de remonter scientifiquement à l'origine des planètes et de leurs satellites.

Considérant que ces corps tournent tous autour du soleil et presque dans le même plan, Buffon en conclut qu'une seule et même cause doit les avoir primitivement mises en mouvement ; et, suivant lui, cette cause ne peut être autre qu'une comète, qui tombant sur le Soleil et le heurtant obliquement en aura séparé une portion assez considérable pour former toutes les planètes connues de son temps, et qui, avec leurs satellites, formaient une masse égale à la 650e partie de celle du soleil.

Cette masse de matière, liquéfiée par la chaleur, se sera échappée sous la forme d'un torrent, dont les parties les plus denses se séparant des moins denses auront formé par leur attraction mutuelle des globes de différentes matières. Saturne, composé des parties les plus grosses et les plus légères, se sera le plus éloigné du soleil, ensuite Jupiter, qui est plus dense que Saturne, se sera moins éloigné et ainsi de suite pour Mars, la Terre, Vénus et Mercure.

« L'expérience nous montre journellement, poursuit Buffon, que si le coup qui sépare d'un corps une partie de sa masse le frappe dans une direction oblique, la partie séparée s'échappe en tournant sur elle-même, jusqu'à ce que l'attraction l'ait ramenée à la surface du sol. C'est ce qui est arrivé aux planètes ; mais comme la force centrifuge les retient à distance du Soleil, elles conservent, tout en faisant leur révolution autour de cet astre, le mouvement de rotation sur elles-mêmes qui nous donne les alternatives du jour et de la nuit. »

« L'obliquité du coup a pu être telle, ajoute-t-il, qu'il se sera séparé du corps de la planète principale de petites parties de matière, qui auront conservé la même direction que la planète même, et, en même temps, elles auront suivi nécessairement celle-ci dans son cours autour du Soleil, en tournant elles-mêmes autour de la planète, à peu près dans le plan de son orbite. On voit bien que ces petites parties que l'obliquité du coup aura séparées sont les satellites. »

Après avoir ainsi expliqué la formation des planètes et de leurs satellites, notre grand naturaliste calcule le temps nécessaire à chacun des corps du système solaire pour passer de l'état d'incandescence où ils se trouvaient au moment de leur formation à une température qui les rende habitables : puis il passe à la formation successive des mers et des terres.

Ce système si ingénieux et si grandiose péche malheureusement par la base. Dans l'état actuel de la science, on ne peut admettre que le choc d'une comète sur le Soleil ait pu produire un résultat semblable à celui que suppose Buffon. La densité des comètes est, en effet, tellement faible, que leur choc, loin de pouvoir détacher du Soleil une partie de sa matière, ne pourrait même la faire pénétrer à travers l'atmosphère de la Terre ; et telle est la ténuité de leur masse, que les étoiles de moyenne grandeur peuvent être aperçues au travers de leur

1.

noyau. En outre, le peu d'excentricité des orbites des planètes serait contraire à l'hypothèse de Buffon, parce que la théorie des forces centrales démontre que si les planètes avaient été primitivement détachées du Soleil, elles devraient en raser la surface à chacune de leurs révolutions ; de sorte que leurs orbes au lieu d'être circulaires seraient fort excentriques.

Malgré ses erreurs, cette théorie de Buffon sera regardée dans tous les temps comme une des plus magnifiques conceptions de l'esprit humain.

Après Buffon vient l'illustre de Laplace, dont l'hypothèse paraît plus vraisemblable et est adoptée aujourd'hui par tous les savants.

« L'observation des mouvements des planètes conduit à penser, dit-il, qu'en vertu d'une chaleur excessive, l'atmosphère du Soleil s'est étendue au delà des orbes de toutes les planètes, et qu'elle s'est resserrée successivement jusqu'à ses limites actuelles. Elle a dû, en se refroidissant, abandonner les molécules situées à ces limites successives, et ces molécules abandonnées ont continué de circuler autour de cet astre, leur force centrifuge étant balancée par leur pesanteur. Les zones des vapeurs successivement abandonnées ont dû former, par leur condensation et l'attraction mutuelle de leurs molécules, divers anneaux concentriques de vapeurs circulant autour du Soleil.

Si toutes les molécules d'un anneau de vapeurs continuaient de se condenser sans se désunir, elles formeraient à la longue un anneau liquide ou solide, mais la régularité que cette formation exige dans toutes les parties de l'anneau et dans leur refroidissement a dû rendre ce phénomène extrêmement rare. Aussi le système solaire n'en offre-t-il qu'un seul exemple, celui de l'anneau de Saturne. Presque toujours chaque anneau a dû se rompre en plusieurs masses, qui, même avec des vitesses très-peu différentes, ont continué à circuler à la même distance autour du Soleil. Mais si l'une d'elles a été assez puissante pour réunir successivement par son attraction toutes les autres autour de son centre, l'anneau de vapeurs aura été ainsi transformé dans une seule masse sphérique, circulant autour du Soleil, avec une rotation dirigée dans le sens de sa révolution. Ce dernier cas a été le plus commun. Maintenant, si nous suivons les changements qu'un refroidissement ultérieur a dû produire dans les planètes en vapeurs dont nous venons de concevoir la formation, nous verrons naître, au centre de chacune d'elles, un noyau s'accroissant sans cesse par la condensation de l'atmosphère qui l'environne. Dans cet état, la planète ressemblait parfaitement au Soleil à l'état de nébuleuse ; où nous venons de le considérer ; le refroidissement a donc dû produire aux diverses limites de son atmosphère des phénomènes semblables à ceux que nous avons décrits, c'est-à-dire des anneaux et des satellites circulant autour de son centre, dans le sens de son mouvement de rotation, et tournant dans le même sens sur eux-mêmes. Les anneaux de Saturne sont des preuves toujours subsistantes de l'extension primitive de l'atmosphère de Saturne et de ses retraites successives........

« Ainsi, dit de Laplace, les phénomènes singuliers du peu d'excentricité des orbes des planètes et des satellites du peu d'inclinaison de ces orbes à l'équateur solaire, et de l'identité du sens des mouvements de rotation et de révolution de tous ces corps avec celui de la rotation du Soleil, découlent de l'hypothèse que nous proposons et lui donnent une grande vraisemblance. »

L'examen approfondi de toutes les circonstances de ce système accroît encore la probabilité de cette hypothèse. La fluidité primitive des planètes est clairement indiquée par l'aplatissement de leur figure, conforme aux lois de l'attraction mutuelle de leurs molécules. Elle est de plus prouvée pour la Terre, par l'augmentation régulière de la pesanteur en allant de l'équateur aux pôles. Et, comme nous le verrons par la suite, cet état de fluidité primitive, auquel on est conduit pour les phénomènes astronomiques, se manifeste également dans ceux que l'histoire naturelle nous présente. En outre, les études spectrales sur la lumière solaire nous apprennent que la Terre a la même composition que les autres corps du système dont elle fait partie.

# CHAPITRE III



La Terre, qui, pour un si grand nombre de ses habitants, est le monde, n'est cependant que l'une des moins volumineuses de ces innombrables sphères qui roulent dans l'espace.

Il est aujourd'hui démontré par une foule d'observations qu'il serait trop long de rapporter ici, que la Terre est un sphéroïde renflé à l'équateur et aplati aux pôles, que son demi diamètre polaire est plus court d'environ 21 kilomètres que le demi diamètre équatorial, c'est-à-dire à peu près 1/300ᵉ du rayon de l'équateur.

Soumise aux lois de la gravitation imposées à tous les corps célestes, la Terre exécute deux mouvements principaux : l'un, de rotation sur son axe en vingt-quatre heures, qui détermine les alternatives du jour et de la nuit ; l'autre, de translation autour du Soleil, par lequel elle décrit dans l'espace d'une année, avec une vitesse d'environ 25,000 lieues à l'heure, un orbe immense qui produit les saisons.

Au moyen de méthodes également sûres, les physiciens sont parvenus à peser la Terre, et ils ont constaté que sa densité est six fois plus grande que celle de l'eau. Or, comme la densité moyenne des roches qui constituent l'écorce du globe, c'est-à-dire de la portion qui nous est connue, ne dépasse pas 2, 7, il est évident que la densité des diverses couches minérales doit s'accroître en raison de leur profondeur dans l'intérieur de la terre, soit par suite de la pression qu'elles supportent, soit à cause de la nature de leurs matériaux.

La figure, les mouvements, la densité de la Terre sont d'une grande importance ; comme nous le verrons plus tard, ils décèlent l'origine du globe et retracent son histoire, aussi bien que l'étude de ses roches et de ses minéraux.

La surface du globe est en grande partie couverte par les eaux de la mer. La partie émergée, que l'on évalue à un quart de sa surface environ, et qui forme les continents et les îles, est fort irrégulière dans ses contours. L'eau de la mer tient en dissolution une quantité considérable de sel ; elle s'évapore sans cesse et donne de l'eau douce par une véritable distillation. La vapeur d'eau, d'abord invisible, se condense dans les régions élevées, où elle prend la forme vésiculaire qui constitue les nuages. Ceux-ci, transportés sur les continents par les courants d'air, y reprennent la forme liquide, tombent en pluie, en neige ou en grêle, et l'eau devenue liquide, coulant sous l'influence de la pesanteur, a creusé le sol pour y former des ruisseaux, des rivières, des fleuves, qui retournent à la mer. Cette transformation incessante de l'eau et cette circulation perpétuelle à laquelle elle donne lieu, est indispensable à l'existence des êtres vivants, et nous verrons que, dans les temps primitifs, elle a donné lieu à des phénomènes qui ont laissé sur le globe des traces profondes.

L'air n'est pas moins nécessaire que l'eau à la constitution du globe. L'atmosphère l'enveloppe de toutes parts à une hauteur de quinze à vingt lieues. C'est un fluide invisible, sans couleur, mais qui, cependant, en grandes masses, présente cet azur pâle que nous attribuons au ciel. L'air est pesant, et, en raison de son poids, il repose sur la terre qu'il comprime de tous côtés. Mais comme les couches supérieures pèsent sur les inférieures, celles-ci sont beaucoup plus denses, et plus on s'élève plus l'air devient léger. Plus il est dense, plus il retient la chaleur solaire, plus il conduit le son. L'air contient le premier élément de la vie animale, l'oxigène, et celui de la vie végétale, l'acide carbonique.

On sait que lorsque l'on s'élève au dessus de la surface du globe, soit en gravissant de hautes montagnes, soit dans une ascension aérostatique, la température décroît rapidement ; on sait aussi que sur le sommet des monts élevés il existe des neiges perpétuelles, même sous l'équateur, et qu'aux pôles de la Terre il y a des glaces qui ne fondent jamais.

Plusieurs physiciens ont fait des expériences pour déterminer la température des espaces célestes, entre autres M. Pouillet, qui a été conduit à admettre une température de 142° au dessous de la glace fondante. La plus basse température constatée sur la terre, au pôle nord, par le capitaine Parry, était de — 57°.

Dans l'état actuel de la Terre, c'est au Soleil qu'elle doit sa chaleur ; ses rayons éclairent et échauffent sa surface, ils font naître et ils développent le germe de la vie dans les êtres organisés.

La température de la surface du sol varie beaucoup selon les saisons, les climats et la configuration du sol ; la chaleur solaire se concentre dans les vallées, et la température y est beaucoup plus élevée que sur les montagnes, et plus l'on monte plus le refroidissement augmente.

Cet échauffement produit par les rayons solaires ne pénètre pas bien profondément la croûte terrestre. Chacun sait que si, en été, on descend dans une cave, on éprouve une sensation de fraîcheur ; tandis que si on y pénètre, en hiver, c'est une impression de chaleur que l'on ressent. Ce double fait tient simplement à ce que la température de la cave est constante, et par conséquent indépendante de l'échauffement et du refroidissement de la surface du sol. On peut s'en assurer d'une manière rigoureuse en enfonçant un thermomètre à demeure dans le sol de la cave, le sommet de la colonne liquide restera invariablement fixé à la même hauteur. C'est ainsi que les thermomètres en expérience dans les caves de l'Observatoire, situés à 28 mètres au dessous du niveau du sol, marquent invariablement, depuis plus de soixante ans, 11°,82 au dessus de zéro.

L'expérience prouve donc qu'à une certaine pro-

fondeur, variable suivant les régions du globe, et qui
ne dépasse pas trente mètres, l'influence solaire ne
se manifeste plus et que la température du terrain
se maintient en tout temps invariable et constante.
Mais, si l'on descend au dessous de cette limite de
la température constante, on remarque que la chaleur augmente à mesure que l'on s'enfonce plus profondément dans le sol.

Quelques puits de mines descendent à une profondeur assez considérable par rapport à l'homme,
bien que ces excavations ne représentent qu'une
fraction bien faible du rayon de notre globe. C'est
ainsi que les mines de houille du nord de la France,
celles de cuivre de Cornouailles, atteignent 700 mètres de profondeur, c'est-à-dire plus de dix fois la
hauteur des tours de Notre-Dame de Paris.

Si l'on descend un thermomètre dans ces mines,
on reconnaît qu'il indique une température d'autant
plus élevée qu'il est placé à une profondeur plus
grande, et l'on voit que la chaleur augmente assez
régulièrement de 1 degré par chaque 30 mètres de
profondeur. On aura donc pour des mines de
600 mètres un accroissement de 20 degrés, et, en
effet, dans certaines mines profondes, malgré les
procédés de ventilation et le froid produit par l'évaporation de l'eau qui suinte le long des roches, la
chaleur est telle que les ouvriers sont obligés d'y
travailler à peu près nus. Et que ces mines soient
situées sous le ciel torride du Mexique, ou dans le
sol glacé de la Sibérie, elles offrent ce même résultat de l'accroissement de la température à partir
de la couche invariable.

Ces observations répétées avec soin sur un grand
nombre de points sont en outre d'accord avec celles
que fournit l'eau des puits artésiens, qui nous ap-
porte la température des couches profondes qui la
fournissent. Le puits de Grenelle qui a 548 mètres de profondeur, donne l'eau à 28 degrés, et le
puits de Passy fournit un résultat analogue. Or, la
température de la couche invariable étant d'environ 12 degrés, il en résulte un accroissement à peu
près égal à 1 degré par 30 mètres. Le forage le
plus profond que l'on ait pratiqué jusqu'à ce jour,
est celui que l'administration de la marine vient de
faire exécuter à Rochefort. Il a donné l'eau à 825

mètres, et celle-ci a une température de 42 degrés.

Cette chaleur souterraine que nous constatons, que nous arrivons même à mesurer, n'émane pas du Soleil, ni d'aucune autre cause extérieure à nôtre globe ; car, dans ce cas, elle devrait être de moins en moins considérable à mesure qu'on s'éloigne davantage de la surface. La cause de cet échauffement réside donc nécessairement dans l'intérieur même de la Terre.

Les eaux thermales et les déjections volcaniques semblent prouver que la chaleur continue à s'accroître à mesure que l'on s'éloigne en descendant de la surface du sol. Nous possédons en France, dans les Vosges et les Pyrénées, des sources dont la température dépasse 50 et 60 degrés. Celles de Hamman Meskoutine, dans la province de Constantine, sont à 95°, presque la température de l'eau bouillante. Les *soffioni* ou jets de vapeur des environs de Volterra, en Toscane, ont une température de plus de 100 degrés, et tout le monde a entendu parler de ces fameuses sources chaudes de l'Islande, le Geyser et le Strok, qui s'élancent en bouillonnant à trente mètres de hauteur, et qui ont la chaleur de l'eau bouillante, tandis que la moyenne de la température extérieure est au dessous de zéro. Les flots de laves incandescentes que vomit le cratère des volcans, et qui s'écoulent comme un torrent le long des flancs de la montagne volcanique, possèdent souvent une température de plus de mille degrés, et nous apportent une nouvelle preuve de la chaleur qui existe dans les réservoirs profonds d'où elles sortent.

Tout ce qui précède nous donne donc le droit de supposer que la température continue à croître — au moins jusqu'à une certaine profondeur — dans la même proportion que nous l'indiquent les expériences faites dans les mines à l'aide du thermomètre, c'est-à-dire de 1 degré par 30 mètres.

Partant de ces données, nous aurons déjà 100 degrés ou l'eau bouillante à 3000 mètres, 400 degrés ou la chaleur rouge à 12,000 mètres; 1000 degrés ou le verre fondu à la profondeur de 30,000 mètres ; enfin, en supposant même que cet accroissement de température diminue ou cesse même tout à fait à une profondeur qui ne serait que la centième partie du rayon terrestre, c'est-à-dire environ 66 kilomètres, on obtiendrait une température de plus de 2000 degrés, à laquelle aucune des substances minérales qui peuvent se trouver dans les profondeurs ne conserverait l'état solide.

La partie solide du globe aurait donc au plus soixante et quelques kilomètres d'épaisseur, c'est-à-dire une croûte si faible par rapport à la grosseur du globe, qu'elle serait à peine comparable à la coquille d'un œuf. L'on voit combien notre existence est précaire, c'est ce que viennent nous rappeler de temps en temps des tremblements de terre, des éruptions volcaniques et des soulèvements de terrains comme ceux qui se sont produits récemment sous nos yeux à Santorin et dans le Pérou. Le feu primitif existe encore sous nos pieds et notre

Fig. 3. — Épaisseur de la croûte terrestre par rapport au demi diamètre de la Terre.

globe est comme une énorme bombe chargée de feu liquide. D'un signe, Celui qui a créé les mondes peut briser cette fragile enveloppe et en précipiter les fragments dans l'abîme du feu souterrain.

Est-ce là le sort prédit par les prophètes? Espérons que non.

Quoi qu'il en soit, jusqu'à ce que la volonté de Dieu se manifeste, la Terre sera en progrès continuel de refroidissement, et un jour viendra où la matière interne, encore en fusion, sera complétement figée et le feu éteint. Mais notre globe, ainsi refroidi peu à peu, est-il donc condamné, comme le pensait Buffon, à n'être plus dans la suite des siècles qu'une masse glacée, roulant sans vie autour d'un soleil, dont la chaleur diminuant aussi peu à peu finira par se dissiper entièrement? — On en a appelé de cette sentence effrayante, et le célèbre mathématicien Fourier a fort heureusement prouvé que, dans l'état actuel des choses, la chaleur interne du globe n'entrait pas pour plus d'un trentième de degré dans la température de sa surface ; de sorte que le refroidissement total du globe n'entraînerait aucun changement appréciable dans les saisons de chaque climat. D'un autre côté, rien ne prouve que la chaleur fournie par le Soleil ait diminué depuis les temps les plus reculés. En admettant d'ailleurs la dispersion complète de la chaleur centrale et l'encroûtement du Soleil, cet événement ne pourrait arriver qu'à une époque tellement reculée, qu'à peine l'imagination peut se reporter jusque-là.

De tout ce qui précède, nous pouvons donc conclure qu'à son origine la Terre a dû passer de l'état gazeux à l'état liquide ou pâteux. Or, tout corps liquide libre et qu'aucun obstacle n'arrête prend la forme perlée ou globaire; c'est là un résultat de la force d'attraction que l'on a constaté partout et dans toutes les dimensions. Supposons donc une masse fluide ou semi-fluide à laquelle on imprime un mouvement régulier de rotation , comme celui d'une roue sur son axe ; les molécules placées aux deux extrémités de l'axe ou aux pôles ne perdront rien de leur poids, parce qu'elles ne seront pas soumises à la force centrifuge; tandis que, au contraire, celles qui seront le plus écartées des points extrêmes de l'axe ou situées sur l'équateur, en vertu de cette même force centrifuge, tendront à s'éloigner et à former un renflement qui entraînera nécessairement la dépression des points les plus rapprochés des extrémités de l'axe. La boule pâteuse sera donc renflée à l'équateur et aplatie aux pôles, et c'est justement là ce qui existe dans le globe terrestre, et dans la proportion prescrite par le rapport de sa masse avec la vitesse de son mouvement de rotation. Nous retrouvons une figure semblable dans les autres planètes, et l'aplatissement de ces globes vers leurs pôles est d'autant plus considérable, que leur mouvement de rotation

est plus rapide; preuve évidente qu'elles ont été
originairement fluides comme la Terre.

D'un autre coté, les matières liquides ont dû se
ranger dans l'ordre de leurs densités, les plus lourdes au centre; ce qui explique encore cette observation faite depuis longtemps par les physiciens, que
la densité moyenne du globe terrestre est à peu
près double de celle des substances qui composent
sa surface solide. De telle sorte que la masse interne
doit être formée de matières infiniment plus lourdes que le granit, les porphyres, les marbres, qui
pèsent à peine trois fois autant que l'eau, tandis que
le calcul donne pour la terre un poids égal à six
fois environ celui de l'eau, ce qui indiquerait que,
en effet, la densité des couches concentriques irait
en augmentant progressivement de la surface vers
le centre.

C'est sur ces données que nous allons essayer de
tracer l'histoire hypothétique des premiers âges de
la Terre.

# CHAPITRE IV



### L'ENFANCE DE LA TERRE.

La Terre fut donc dans le principe une masse
incandescente de matière liquéfiée, qui prit, sous
la double puissance de l'attraction centrale et de la
force centrifuge, la forme sphéroïdale que nous lui
connaissons.

Pendant cette période d'incandescence, l'eau,
ainsi que toutes les matières qui se volatilisent à la
simple chaleur de nos fourneaux, étaient naturellement à l'état gazeux, et réunies aux fluides élastiques d'une atmosphère brûlante qui s'étendait dans
l'espace bien au delà des limites qu'elle occupe
aujourd'hui. Trop épaisse pour laisser pénétrer les
rayons du Soleil, elle était éclairée par les feux d'en
bas, et la Terre ne connaissait pas les alternatives
du jour et de la nuit.

Ainsi lancé dans le vide, ce globe incandescent
dut obéir aux lois du rayonnement, et perdre par
degrés dans l'espace une partie de son calorique.

En vertu de ce refroidissement incessant, la surface du globe se coagula, et il se forma une première
pellicule solide; mais, brisée et disloquée bientôt par
les perpétuelles tempêtes auxquelles donnaient lieu
les mille réactions chimiques qui devaient s'opérer
au sein de cette mer de feu, cette première enveloppe
forma de ses débris ces vastes blocs de matières
cristallines, brisés, redressés, confondus et soudés

les uns avec les autres, que l'on rencontre partout
où le noyau de la planète est à nu. Cette première
croûte toute rugueuse et hérissée comme la surface
d'un fleuve envahi par les glaces, dut, bien qu'avec
lenteur, s'épaissir de plus en plus. Elle finit par
constituer une enveloppe continue, isolant alors la
masse interne restée fluide et incandescente de la
masse externe à l'état de gaz et de vapeurs, qui
devaient plus tard servir à constituer les enveloppes
liquide et atmosphérique.

Avec le temps, les molécules les plus voisines de
la partie déjà figée durent se rapprocher et cristal-
liser successivement, et cette cristallisation, si vi-
sible dans les roches primordiales, put sans cesse
s'opérer intérieurement par suite de l'abaissement
continu de la température.

Des ouragans prodigieux devaient agiter la masse
des airs, de puissantes combinaisons chimiques
donnaient lieu à un énorme développement d'électricité qui devait se manifester par de flamboyantes
aurores boréales et d'effroyables roulements de
tonnerre. La masse en fusion, soumise à l'action
attractive du Soleil et de la Lune, éprouvait sans
doute un flux et un reflux comme aujourd'hui les
mers. La croûte encore mince ne pouvait résister à
ces ébranlements ; des effondrements et des crevasses se formaient, par lesquels s'épandaient des
torrents de matière ignée, roulant sur ces roches
incandescentes, les liquéfiant de nouveau ou s'y
amalgamant tour à tour.

Pendant que notre globe roulait ainsi dans l'espace, emportant avec lui son immense atmosphère
impropre à la vie et que nul rayon de soleil ne pouvait encore traverser, quelques matières gazéifiées
dans l'atmosphère se condensaient et se précipitaient
à la surface de la Terre.

Dès que la température se fut suffisamment
abaissée pour permettre à la vapeur d'eau de se
condenser, les premières pluies tombèrent ; mais,
mises en ébullition par la chaleur qui régnait encore à la surface du globe, elles remontaient dans
l'air en vapeurs épaisses, se condensaient de nouveau
et donnaient naissance à de nouvelles combinaisons
chimiques et à une immense oxydation.

Cependant, la croûte solide continuant à s'épaissir

dans les deux sens, de haut en bas par le refroidissement, et de bas en haut par l'accumulation
des détritus résultant de l'action de tous les agents
érosifs combinés, cette croûte dut enfin former un
écran assez épais pour tempérer l'influence de la
chaleur intérieure. Le refroidissement devient sensible. La masse des eaux suspendue jusque là dans
l'atmosphère se précipite alors en pluies diluviennes
qui, par suite de l'abaissement de la température,
peuvent se réunir en masses étendues, puis enfin
former une vaste mer qui a dû couvrir tout le globe
terrestre. Celui-ci, n'ayant encore perdu que peu de
chose de sa sphéricité primitive, à peine quelques
éminences se dessinent-elles au dessus des flots de
ce grand Océan, dont nos eaux thermales représentent encore la constitution et la chaleur. Enveloppée
d'une atmosphère épaisse et chargée de vapeurs
qui ne devait pas laisser pénétrer les rayons du Soleil, la Terre devait être en effet telle que nous la représente le deuxième verset de la Genèse: « La terre
était informe et toute nue ; les ténèbres couvraient
la surface de l'abîme, et l'esprit de Dieu était
porté sur les eaux. »

Toutes les substances solubles dans l'eau bouillante durent y rester en suspension et sans se déposer, à cause de sa haute température et de son
tourbillonnement continuel, et ce ne fut que lorsque
ses propriétés dissolvantes diminuèrent avec la chaleur que les corps dissous purent se déposer.

Les parties sableuses et argileuses arrachées aux
granit par ce déluge de plusieurs siècles durent
former alors une masse très-considérable d'alluvions, qui fut la première terre meuble et la base de
tous les terrains qui, plus tard, furent formés au
sein des eaux. Ces couches d'argile sableuse, déposées sur des roches encore brûlantes, y éprouvèrent
une sorte de fusion lente ou de vitrification qui
leur donna cette structure feuilletée qu'on remarque en effet dans les différentes espèces de roches
schisteuses. C'est ainsi que durent se former les
premières couches minérales par l'intermédiaire de
l'eau, et que commença cette longue série de couches sédimentaires stratifiées qui se continuent
encore de nos jours.

Il n'y avait guère alors de calme ni dans les eaux

ni dans les airs, ainsi que l'attestent les couches
bouleversées et les amas de débris triturés et roulés
qui appartiennent à cet âge. A mesure que la solidification intérieure de l'épiderme terrestre avait
lieu, le volume de la masse fluide interne dimi-
nuait par suite de son refroidissement successif.
La croûte enveloppante devait alors éprouver un
retrait, se contracter, et par suite, opérer des pres-
sions énormes sur la masse fluide. Les gaz et les
matières en fusion comprimées durent soulever
sur quelques points les énormes couches sédimentaires encore tendres et plastiques, qui émergeaient
ainsi du sein des flots et formaient des îles, premiers jalons des continents futurs. Ces mêmes
matières ignées s'échappaient au dehors par les
points les plus faibles et par les fissures préexistantes. De là des tremblements de terre, des éruptions sous-marines, des ouragans, des inondations
qui devaient dépasser en violence tout ce que nous
voyons de nos jours.

Quelques géologues de l'école moderne veulent
que les causes lentes qui, actuellement encore,
modifient la surface de la terre, aient seules présidé aux transformations du globe, et ils repoussent
complétement l'intervention des révolutions brusques, de cataclysmes soudains et imprévus. C'est
être trop exclusif, pensons-nous, et, tout en admettant que les causes lentes qui agissent de nos jours
ont existé autrefois et produit les mêmes effets,
nous croyons que certains phénomènes du monde
ancien, tels que les grandes dislocations, les soulèvements des montagnes, l'envahissement des
mers, ont dû nécessairement entraîner d'immenses
perturbations géologiques. Les preuves en sont
écrites dans les archives du monde primitif, nous
les retrouvons à chaque pas dans les montagnes,
et il nous semble difficile de contester la vérité de
ces bouleversements terribles.

L'origine des filons métalliques paraît se lier di-
rectement à la réaction de la matière intérieure en
fusion contre l'enveloppe solide du globe. On con-
çoit, en effet, que lorsque la matière ignée et à
demi pâteuse se faisait jour à travers le sol, il devait en résulter une multitude de fentes, de fissures,
qui livraient passage à des gaz de différentes na-

tures, et, probablement aussi, à diverses substances métalliques vaporisées. Or, une grande
partie de ces fissures a pu se remplir de bas en
haut, soit par la matière en fusion elle-même, soit
par la condensation d'émanations minérales parties
du foyer central, qui venaient successivement ta-
pisser les parois des fissures, selon les lois de la
cristallisation. Telle doit être l'origine des filons
d'oxide de cuivre, d'étain, de plomb, d'or et d'argent, qui tous se trouvent dans les terrains anciens.

A mesure que la formation de la Terre se poursuit dans la suite des siècles, les soulèvements
s'ajoutent les uns aux autres; à des îles isolées succèdent des archipels; ceux-ci se rattachent par des
langues de terre et finissent par former un continent. Ces sommets émergés ne représentaient pas
encore les montagnes que nous observons aujour-
d'hui. Ces montagnes se sont formées beaucoup
plus tard, ainsi que l'on en a la preuve évidente
par la nature des terrains qui les forment, et dont
nous parlerons plus tard.

La mer, concentrée dans les parties les plus
basses, gagne en profondeur ce qu'elle perd en
étendue; elle travaille sans relâche à la configuration des côtes, tandis que le sol, délivré de
l'action des vagues, se raffermit et accomplit le
cours régulier de ses transformations sous l'influence de l'atmosphère. L'eau s'empare de tout ce
qu'elle peut dissoudre; le chlorure de sodium et
les sels de magnésie donnent l'eau de mer. Celle-ci
s'évaporant sans cesse, et les sels ne pouvant s'évaporer, il se produit de l'eau douce qui, condensée
dans les régions élevées sous forme de nuages,
retombe en pluies abondantes, se creuse un lit et
forme des sources, des ruisseaux, des rivières, éta-
blissant un réseau de fleuves et de lacs qui préparent le sol et rendent par degrès la Terre habi-
table.

Après la formation des enveloppes solide et liquide, la composition de l'atmosphère ne devait
pas différer beaucoup de ce qu'elle est actuellement,
quant à ses éléments, c'est-à-dire qu'elle était composée d'azote, d'oxigène, de gaz acide carbonique
et de vapeur d'eau à l'état de mélange. Toutefois,
si l'on considère la quantité de carbone contenue

dans la houille, l'anthracite, les bitumes, la tourbe
et les calcaires sédimentaires, qui n'existaient pas
encore à cette époque, il faut supposer que l'air
contenait alors une proportion considérable de gaz
acide carbonique. Dans l'atmosphère actuelle la proportion de ce gaz est évaluée à six dix millionièmes;
mais elle pouvait être de six à huit centièmes
avant l'apparition de la houille. C'est de cet immense et intarissable réservoir que les premiers
germes de vie semés par le Créateur sur la surface
de la Terre tirèrent les éléments matériels de leur
développement. Tout l'azote qui peut se dégager
des chairs des animaux, tout le carbone qui peut se
tirer du tronc des plantes provient de l'air.

Combien de temps a-t-il fallu pour opérer ces
transformations? C'est là un problème insoluble;
mais la géométrie et la physique nous donnent sur
ce point des aperçus généraux qui nous doivent
suffire. Le calcul établit qu'un boulet de la même
dimension que la terre, chauffé au rouge et aban-
donné ensuite au refroidissement dans des conditions analogues, emploierait plusieurs millions
d'années pour arriver à un degré de température
qui permît le développement de la vie.

Ici finit l'histoire du premier âge de la terre, histoire hypothétique, dont les détails sont conformes
toutefois aux lois de la nature, bien qu'ils ne nous
apparaissent qu'à travers un voile plus ou moins
épais. Dorénavant, quittant le champ des supposi-
tions, nous allons entrer sur le terrain des faits
révélés par l'observation et ne plus le quitter.

# CHAPITRE V



Si l'on peut considérer ce que nous avons raconté jusqu'à présent comme l'histoire ancienne, l'âge fabuleux de la Terre, celle que nous allons aborder sera l'histoire du moyen âge du monde. Ici les documents abondent, et nous n'avons qu'à fouiller dans les archives renfermées dans les entrailles du globe pour y trouver les preuves des événements prodigieux dont il a été le théâtre.

« Comme dans l'histoire civile on consulte les titres, on recherche les médailles, on déchiffre les inscriptions antiques, pour déterminer les époques des révolutions humaines, dit l'éloquent Buffon, de même, dans l'histoire naturelle, il faut fouiller les archives du monde, tirer du sein de la terre les vieux monuments, recueillir leurs débris, et rassembler en un corps de preuves tous les indices des changements physiques qui peuvent nous faire remonter aux différents âges de la nature. C'est le seul moyen de fixer quelques points dans l'immensité de l'espace, et de placer un certain nombre de jalons sur la route éternelle du temps. »

Aujourd'hui, grâce aux progrès des sciences physiques, grâce au secours puissant que ces sciences prêtent à la géologie, [1] cette écriture des siècles,

[1] Ce nom formé de deux mots grecs, *gê*, terre et *logos*, discours, désigne la science qui traite de la formation, de la structure de la

indéchiffrable à nos prédécesseurs, est devenue pour nous pleine de précieux enseignements et de preuves sans nombre des événements qui ont changé la surface du globe.

Lorsqu'on regarde avec attention les parois d'une tranchée profonde, d'une falaise à pic, d'un puits de mine, etc., on remarque facilement que le terrain est composé de couches horizontales, plus ou moins épaisses, placées les unes sur les autres. La Terre n'est donc pas, comme on pourrait le croire, une masse solide de matière de même composition. Les terrains les plus bas, les plus unis, ne nous montrent, même lorsque nous y creusons à de très-grandes profondeurs, que des couches horizontales qui enveloppent presque toutes d'innombrables produits de la mer, des os et des dents de poissons, des coquillages, des plantes marines, etc. Des couches pareilles, des produits semblables, composent les collines jusqu'à d'assez grandes hauteurs. Quelquefois les coquilles sont si nombreuses, qu'elles forment à elles seules toute la masse du sol ; elles s'élèvent à des hauteurs supérieures au niveau de toutes les mers, et où nulle mer ne pourrait être portée aujourd'hui par des causes existantes. Elles ne sont pas seulement enveloppées dans des sables mobiles, mais les pierres les plus dures les incrustent souvent et en sont pénétrées de toutes parts. Toutes les parties du monde, tous les hémisphères, tous les continents, toutes les îles un peu considérables présentent le même phénomène. Tout prouve que ces coquilles ont vécu dans la mer, que c'est elle qui les a déposées dans les lieux où on les trouve, et que, par conséquent, la mer a séjourné dans ces lieux assez longtemps et assez paisiblement pour y former ces dépôts si épais et si vastes que remplissent ces dépouilles d'animaux aquatiques.

Les dépôts qui se sont accumulés par couches dans le sein de cet océan primitif, renferment nonseulement des coquilles en quantités innombrables mais encore les débris des nombreuses familles de plantes et d'animaux vivant dans ces eaux ou entraînés dans leur sein par les grands courants.

terre et des vicissitudes qu'elle a éprouvées avant l'apparition de l'homme.

C'est précisément à l'aide de ces restes que les géologues parviennent à retracer l'histoire des époques du monde antérieures à toute tradition humaine. On désigne ces restes d'êtres organiques renfermés dans les couches de l'écorce terrestre sous le nom de *fossiles*, c'est-à-dire enfouis dans la terre, et leur présence dans un terrain est un indice certain de sa formation par sédiment dans le sein des eaux.

Si les couches qui composent l'écorce terrestre étaient continues, partout les mêmes, conservant la même épaisseur, la même composition minéralogique et renfermant des corps organisés semblables, on pourrait croire qu'elles se sont déposées toutes en même temps et sans interruption, mais il n'en est pas ainsi; ces couches sont de nature diverse, plus ou moins solides, formées d'éléments différents, et chacune d'elles a ses fossiles caractéristiques, propres et spéciaux. Il s'en suit donc que ces couches ont été formées les unes après les autres, et que les plus anciennes sont nécessairement celles qui sont placées le plus profondément. Ces diverses couches de la terre sont comme les pages du grand livre de la création et les pétrifications, les fossiles sont les caractères au moyen desquels nous déchiffrons les événements géologiques. Ces pages sont parfois, il est vrai, plus ou moins déchirées ou altérées, et les caractères que la nature y a tracés plus ou moins effacés. Il faut donc les restaurer souvent par la pensée, comme les papyrus et les palimpsestes de l'antiquité humaine, relativement si moderne.

Lorsque des plaines on se transporte sur les montagnes ; lorsqu'on voit leurs sommets hérissés de pics, couronnés de glaces et de frimas ; leurs flancs escarpés nus et stériles, déchirés et sillonnés par une infinité de torrents ; la terre couverte de rochers confusément entassés, il semble que l'on ait devant les yeux l'image du chaos. Ces bouleversements empêchent de reconnaître, au premier coup d'œil, le plan régulier que la nature a suivi dans ses opérations ; mais, lorsqu'à travers les ruines causées par le temps, on pénètre dans le sein des montagnes, il est facile alors d'apercevoir l'uniformité constante de leur structure intérieure. Des couches parallèles dévoilent le travail paisible de l'agent qui les a formées.

Il est bien facile, en effet, de se convaincre que les montagnes les plus élevées ne sont point formées par une accumulation plus considérable des dernières couches, mais bien par un redressement de toutes les couches que leur élévation comporte. Ces couches se redressent obliquement, quelquefois presque verticalement, au lieu que dans les plaines et les collines plates il fallait creuser profondément pour connaître la succession des couches ; on les voit ici par leur flanc, en suivant les vallées produites par leurs déchirements. De sorte que la connaissance de la composition d'une montagne élevée de 5 à 6,000 mètres au dessus du niveau de la mer, est équivalente à celle que l'on acquerrait, en examinant, au moyen de fouilles artificielles, les différentes couches dont le terrain est formé jusqu'à la profondeur de 5 à 6,000 mètres.

En outre, ces couches redressées qui forment les crêtes des montagnes secondaires, ne sont pas posées sur les couches horizontales des collines qui leur servent de premiers échelons ; elles s'enfoncent au contraire sous elles. Ces collines sont appuyées sur leurs pentes. Quand on perce les couches horizontales dans le voisinage des montagnes à couches obliques, on retrouve ces couches obliques dans la profondeur, elles sont donc plus anciennes que les couches horizontales qui les recouvrent ; et comme il est impossible qu'elles n'aient pas été formées horizontalement, puisqu'elles sont dues au dépôt des eaux, il est évident qu'elles ont été relevées et qu'elles l'ont été avant que les autres s'appuyassent sur elles.

Ainsi donc, la mer avant de former les couches horizontales en avait formé d'autres, que des causes quelconques avaient brisées, redressées, bouleversées de mille manières.

Dans le but de concilier les phénomènes géologiques avec la narration de Moïse, des esprits plus zélés qu'éclairés crurent devoir attribuer la formation de toutes les couches terrestres au déluge de Noé, et, dans ces accumulations de coquilles marines et d'autres fossiles, ils ne voulurent voir que le résultat et la preuve du grand cataclysme biblique.

2.

D'autres, dans la crainte puérile d'une preuve quelconque du déluge, nièrent l'existence réelle de ces coquilles marines sur les flancs des montagnes ou feignirent de n'y voir que quelques écailles tombées là par hasard du manteau des pèlerins.

L'existence des corps marins dans l'intérieur des continents, aussi bien vers le sommet des plus hautes montagnes que dans les vallées les plus profondes, prouve suffisamment la présence de l'Océan à une époque quelconque et pendant un temps plus ou moins long sur la partie de la Terre que nous habitons. Mais ce séjour n'a pas été l'effet d'une crue subite des eaux, par suite de laquelle la mer, entraînant avec violence tous les produits qu'elle renfermait dans son sein, les aurait transportés pêle-mêle dans les lieux envahis par elle. Car, en admettant que la mer eût pu entraîner ces énormes amas de coquilles, qui forment parfois des bancs de plusieurs centaines de lieues d'étendue, comment aurait-elle pu les faire pénétrer à l'intérieur du sol et jusque dans les pierres les plus dures où nous les trouvons ?

D'un autre côté, si ces amas de coquilles, si ces plantes marines et ces squelettes d'animaux avaient été tumultueusement emportés par les eaux, ils devraient avoir été brisés par les chocs, usés par le frottement ; on ne les rencontrerait que par morceaux et entassés pêle-mêle dans le plus grand désordre ; or, c'est précisément le contraire qui a lieu ; la plupart des coquilles se sont conservées dans un état d'intégrité si parfait, qu'on les retrouve encore avec leurs angles les plus aigus, leurs arêtes et leurs épines les plus fines ; les plantes marines sont souvent brisées ; mais toujours couchées à plat et jamais roulées ou repliées sur elles-mêmes.

Le séjour de la mer a donc été tranquille, et l'on doit chercher ailleurs les preuves du déluge. Le séjour de la mer a été très-long, puisqu'il a permis à des dépôts si considérables de se former, et il a même été assez prolongé pour que les produits organiques qu'ils renferment se soient modifiées de la manière la plus sensible, par suite du changement de température ou de composition des eaux.

En examinant plus attentivement encore les débris

organiques fossiles, on reconnaît que certaines couches renferment, non plus des produits marins,
mais des restes d'animaux et de plantes de la terre
et de l'eau douce ; et que ces couches sont de nouveau recouvertes par des dépôts et des productions
de la mer. Donc, le bassin des mers a non-seulement diminué d'étendue, mais il s'est déplacé en
plusieurs sens. Il est arrivé plusieurs fois que des
terrains mis à sec ont été recouverts par les eaux,
puis desséchés de nouveau, et de nouveau envahis,
tantôt par des eaux douces, tantôt par la mer.

Ce séjour réitéré des eaux sur nos continents,
bien constaté, il faut donc supposer ou que le niveau
de l'Océan s'est abaissé, ou que les roches solides,
autrefois couvertes par les eaux, se sont élevées au
dessus de la mer. La première opinion est inadmissible ; car on ne pourrait expliquer la disparition
d'une masse d'eau aussi considérable de la surface
du globe ; on est donc obligé d'avoir recours à
l'autre alternative, savoir, à la doctrine d'après
laquelle la terre solide aurait été successivement
exhaussée ou abaissée, de manière à changer plusieurs fois de niveau relativement à la mer. Diverses
raisons militent en faveur de cette conclusion :
d'abord elle peut rendre compte de la disposition de
ces couches qui sont disloquées, brisées, inclinées
ou verticales. En second lieu, elle est d'accord avec
les expériences, qui nous démontrent que la terre
s'élève graduellement dans quelques endroits et
qu'elle s'abaisse dans quelques autres. De pareils
mouvements ont lieu, même de nos jours, soit
accompagnés de commotions violentes, soit d'une
manière si lente qu'on n'a pu les constater qu'au
moyen des recherches scientifiques les plus minutieuses. Certaines parties de terrain s'exhaussent,
tandis que d'autres s'abaissent sur un autre point
dans le même temps. L'Océan, au contraire, ne
pourrait baisser sur un point sans que son niveau
fût modifié en même temps sur toute la surface du
globe.

Sur les côtes de la Norwège, on trouve, à un
niveau de beaucoup supérieur à celui des plus
hautes marées, des restes d'animaux entièrement
identiques à ceux qui vivent encore dans les eaux
de la même mer ; tandis que le long des plages de

la Scanie, des villages entiers, bâtis, sans aucun doute, dans une position convenable pour être à l'abri d'une invasion de la mer, sont aujourd'hui submergés. Dans le pays de Galles, on rencontre d'anciens fonds de mer portés à une hauteur considérable, et dont la végétation terrestre s'est déjà emparée ; tandis que dans le comté de Lincoln des forêts entières, qui jadis étendirent leur ombre hospitalière sur les ancêtres des habitants actuels, se trouvent maintenant sous les eaux.

Les restes du temple de Sérapis que l'on voit près de Pouzzoles, dans le royaume de Naples, nous offrent un exemple remarquable de ces soulèvements et de ces affaissements alternatifs du sol. Ce temple, d'une architecture très-riche, et qui paraît avoir été construit dans le siècle d'Auguste, avait très-certainement été bâti assez loin de la mer, pour ne pas être exposé à ses inondations. Les colonnes restées debout portent les témoignages d'une immersion prolongée dans les eaux de la mer survenues postérieurement ; leur partie inférieure, jusqu'à une certaine hauteur, est rongée et trouée par des mollusques marins appelés *Pholades* [1], et le terrain environnant offre, à un même niveau, d'autres traces évidentes du séjour de la mer. Tout cela fournit donc une preuve certaine que tout le terrain sur lequel est construit le temple de Sérapis, de nouveau à sec de nos jours, fut submergé pendant de longues années. Un fait encore plus singulier, c'est qu'une route située à quelque distance du temple, à un niveau plus élevé, et qui était à sec au siècle dernier, est maintenant submergée. A Baja, non loin de Pouzzoles, la mer recouvre les ruines d'anciens édifices.

Dès les temps les plus anciens, ces changements à la surface du sol avaient été remarqués et constatés, et sans en rechercher les preuves nombreuses dans les écrivains de l'antiquité, nous nous contenterons de citer ce passage curieux d'un auteur arabe du XIIIᵉ siècle, Mohammed Kaswini. Il met en scène un personnage fantastique, qui, comme le Juif-Errant de la légende chrétienne, parcourt la terre sans payer le tribut à la mort :

[1] Consultez les *Secrets de la plage*, page 70 et suiv.

« Passant un jour par une ville très-ancienne et prodigieusement peuplée, dit-il, je demandai à l'un de ses habitants depuis quand elle était fondée. — C'est, me répondit-il une cité puissante, mais pour vous dire depuis combien de temps elle existe, cela m'est absolument impossible, et, à ce sujet, nos ancêtres étaient tout aussi ignorants que nous. Cinq siècles plus tard, je repassai par le même lieu ; n'y apercevant aucun vestige de la ville, je voulus savoir d'un paysan qui cueillait des herbes sur son ancien emplacement combien de temps s'était écoulé depuis sa destruction.

— Sur ma foi, dit-il, vous me faites-là une étrange question. Ce terrain n'a jamais été autre que ce qu'il est à présent.

— Mais n'y eut-il pas anciennement ici une vaste cité ? lui demandai-je encore.

— Jamais, répliqua-t-il, autant du moins que nous en puissions juger parce que nous avons vu. Je vous dirai même que jamais nos pères ne nous en ont parlé.

Cinq cents autres années après, je revins encore aux mêmes lieux. Cette fois la mer en occupait la place. Ayant aperçu des pêcheurs sur ses rivages, je leur demandai depuis quand la mer avait envahi ce terrain.

— Un homme comme vous, dirent-ils, peut-il faire une semblable question ? Ce lieu a toujours été tel qu'il est aujourd'hui.

Au bout de cinq cents nouvelles années, j'y retournai encore. Cette fois la mer n'y était plus, et je voulus savoir depuis combien de temps elle s'était retirée. Un homme à qui je le demandai me regarda d'un air étonné et me répondit comme tous les précédents, c'est-à-dire que les choses avaient toujours été ainsi que je les voyais.

Enfin, après un laps de temps égal aux précédents, j'y retournai pour la dernière fois et je trouvai, en place d'un lieu désert, une cité florissante, plus peuplée et plus riche en monuments somptueux que la première que j'avais vue. Voulant alors connaître la durée de son existence je m'adressai aux habitants qui me dirent : L'origine de cette ville se perd dans la nuit des temps ; nous ignorons depuis quand elle existe, et nos pères, à ce sujet, n'en savaient pas plus que nous. »

Cette légende arabe du xiii⁰ siècle, exprime d'une manière aussi vraie qu'originale les changements qu'ont éprouvés les continents.

Ces irruptions, ces retraites successives des eaux, n'ont pas toujours été lentes, et ne se sont pas toutes faites par degrés. De nombreux soulèvements, des dislocations de terrains, les ont souvent amenées subitement ; témoin celle qui, pour la dernière fois, a inondé et ensuite laissé à sec nos continents actuels, ou du moins une grande partie du sol qui les forme aujourd'hui. Les déchirements, les redressements, les renversements des couches plus anciennes, ne laissent pas douter que des causes subites et violentes ne les aient mises en l'état où nous les voyons, et, même, la force des mouvements qu'éprouve la masse des eaux est encore attestée par les amas de débris et de cailloux roulés qui s'interposent en beaucoup d'endroits entre les couches solides.

Si des plaines et des flancs des montagnes on s'élève vers les sommets escarpés des grandes chaînes, on voit disparaître tout à fait ces débris d'animaux marins et ces innombrables coquilles qui remplissaient les couches horizontales ou relevées. Là la roche ne contient plus aucun vestige d'êtres vivants, elle n'est pas en lits parallèles, indiquant une stratification régulière comme les couches coquillières ; mais sa nature est cristalline ou amorphe, et elle s'enfonce toujours sous les couches de sédiment ; ce qui prouve indubitablement qu'elle a été formée avant elles. Telles sont ces fameuses montagnes granitiques qui traversent nos continents en différentes directions et dont les sommets, toujours couverts de neige, alimentent les sources des fleuves. Leurs masses tourmentées et déchirées montrent assez la manière violente dont elles ont été élevées, et ces changements violents dans leur position ont dû avoir lieu à une époque postérieure à celle où ces masses granitiques existaient seuls, puisqu'elles ont soulevé avec elles les couches coquillières qui les recouvraient.

L'histoire de la Terre présente donc, d'une part de très longues périodes de repos comparatif, pendant lesquelles le dépôt de la matière sédimentaire s'est opéré d'une manière aussi régulière que continue ;

c'est ce que nous montrent les couches coquillières
parallèles, et de l'autre des périodes de très-courte
durée, pendant lesquelles ont eu lieu de violents
paroxysmes causés par la réaction de la matière
fluide intérieure contre l'enveloppe extérieure ; révolutions brusques, qui ont interrompu la continuité de l'action lente, comme nous le prouvent les
couches redressées et les pics de granit. Chacune de
ces époques de révolution dans l'état de la surface
de la Terre a déterminé la formation subite d'un
grand nombre de chaînes de montagnes. Et chacune
d'elles a toujours coïncidé avec un autre phénomène, savoir, le passage d'une formation sédimentaire à une autre, caractérisée par la différence des
types organiques qu'elle renferme.

# CHAPITRE VI

## MONTAGNES ET VALLÉES.

Beaucoup de géologues se sont occupés de la formation des montagnes. Les uns ont pensé qu'elles étaient dues au retrait que le globe terrestre a dû prendre par le refroidissement, et que son enveloppe, devenue trop grande pour les parties qu'elle renfermait, a dû s'affaisser en se ridant et se plissant, à peu près comme le fait la peau d'une pomme dont la pulpe intérieure, en se desséchant, diminue de volume. Les plis et les rides auraient formé les plaines et les vallées, tandis que les saillies représenteraient les montagnes. D'autres ont attribué la formation des montagnes à des soulèvements ; suivant eux elles seraient sorties du sein de la Terre en perçant violemment sa croûte.

Il est probable que toutes les montagnes n'ont pas été produites par la même cause : quelques-unes peuvent être dues à des affaissements ; mais il est certain que d'autres ont été produites par des soulèvements brusques, telles sont celles dont les sommets les plus élevés sont formés par des roches primitives, et ce sont les plus nombreuses et les plus importantes.

On admet généralement aujourd'hui la théorie du soulèvement, et on l'attribue à l'influence qu'exercent les matières fluides internes du globe sur son enveloppe extérieure dans les différents stades de son refroidissement. C'est ainsi qu'ont dû se former ces éminences considérables qui constituent nos grandes chaînes de montagnes.

La théorie du soulèvement explique beaucoup de faits jusqu'alors inexplicables ; elle fait comprendre par exemple la présence des coquillages au sommet des plus hautes montagnes, sans qu'il soit besoin de supposer que la mer les ait recouvertes dans leur état actuel. Il suffit, en effet, que ces montagnes, en sortant du sein des eaux, aient soulevé avec elles et porté à 3 ou 4000 mètres de hauteur les terrains déposés par la mer dont les points d'émersion se trouvaient recouverts.

L'on a recherché si toutes les grandes chaînes de montagnes avaient surgi à la même époque, et l'on a reconnu que non-seulement leur formation appartenait à des époques distinctes et souvent fort éloignées l'une de l'autre, mais que leur direction semblait obéir à des lois mathématiques. C'est à M. Élie de Beaumont que l'on doit cette grande découverte, une des plus remarquables qu'ait faites la science moderne.

La formation des chaînes de montagnes par voie de soulèvement, explique les révolutions de la surface du globe, dont les traces sont si visibles, et les lignes de démarcation que l'on observe dans la succession des terrains. Celles-ci sont, en effet, le résultat des changements opérés dans les limites et le régime des mers par les soulèvements successifs des montagnes.

Le long de presque toutes les chaînes, on voit les couches les plus récentes s'étendre horizontalement jusque sur le pied des montagnes, comme elles doivent le faire, si elles ont été déposées dans des mers ou des lacs dont ces montagnes ont en partie formé les rivages. D'autres roches, au contraire, se redressant et se contournant plus ou moins sur le flanc des montagnes, s'élèvent parfois jusqu'à leurs crêtes. Dans chaque chaîne en particulier, la série de sédiments se divise en deux classes distinctes. Il est évident que l'âge de l'apparition de la chaîne est intermédiaire entre la période du dépôt de ces roches qui sont redressées et celles du dépôt des couches qui s'étendent horizontalement au pied de ces pentes.

En étudiant avec soin ces groupes de montagnes,

3

on peut parvenir à les décomposer en un certain nombre d'éléments diversement entrecroisés les uns avec les autres, et l'on a remarqué que, dans toute leur étendue, la ligne de démarcation entre les couches inclinées et les couches horizontales était la même, et que, le plus souvent, la ligne de démarcation relative à ceux des différents chaînons parallèles entre eux était semblablement placée, tandis qu'elle changeait lorsque ceux-ci n'étaient pas dirigés dans le même sens. M. Élie de Beaumont en a conclu, d'une manière générale, que chacun des systèmes de chaînons parallèles a été produit d'un seul jet et pour ainsi dire d'un seul coup.

On comprend combien l'émersion subite de ces grandes masses hors de l'Océan devait occasionner une agitation violente dans les eaux. Celles-ci, lancées hors de leur lit, inondaient les terres environnantes, corrodaient les roches meubles, entraînaient les sédiments au loin, et opéraient une sorte de dénudation générale, à laquelle sont dues les inégalités et les ondulations que l'on remarque au contact de deux formations. Ces effets de dénudation ne sont pas spéciaux à une contrée ou à un pays, ils se retrouvent par toute la Terre, et c'est à eux que l'on doit le relief des vallées, les accidents de terrain, les petits monticules, les collines, qui, rompant la monotonie des grandes vallées, reposent agréablement nos regards fatigués de l'étendue de la plaine.

Mais c'est surtout dans la formation des vallées d'érosion que se voit l'un des grands effets de la dénudation.

Ces vallées ont été formées dans des terrains meubles ou délayables, comme les ravins que les eaux d'orages produisent sous nos yeux, en emportant avec elles les matières qui constituaient le sol; seulement, ces actions se produisaient sur une immense échelle. On rencontre sur divers points des séries de couches de plus de 3,000 mètres d'épaisseur qui ont été complétement enlevées, et, dont les débris, transportés successivement vers de nouvelles régions, sont entrés dans la composition de formations plus récentes; et il est, en effet, bien évident, que tout ce qui s'est répandu sur une surface n'a pu être emprunté qu'à une autre surface.

Si l'on examine les berges qui encaissent les vallées, on aura une preuve évidente de la dénudation par les eaux ; en effet, ce sont de chaque côté les mêmes couches de terrain, à la même hauteur, avec la même puissance, et renfermant les mêmes fossiles ; en sorte qu'il est impossible de ne pas reconnaître la même formation, la même série de terrains, qui a été corrodée et entraînée par des courants accidentels d'une durée et d'une intensité parfois considérables.

# CHAPITRE VII



## L'ÉCORCE MINÉRALE.

Trois causes principales ont donc contribué à former et à modifier la surface du globe dans la suite des siècles ; ce sont les soulèvements, les émissions de matière ignée et la production de dépôts sédimentaires formés par couches régulières dans le sein des eaux, et provenant de la désagrégation ou de la trituration des roches préexistantes.

Le feu et l'eau, Pluton et Neptune, comme les avaient personnifiés les anciens, sont donc les deux grands agents, qui, alternativement et parfois simultanément, ont présidé à la formation de toutes les masses minérales, et leur action a toujours été incessante ; toujours la cause ignée a produit à la surface de nouvelles aspérités par les soulèvements ou par l'entassement de matières vomies, tandis que la cause aqueuse a toujours travaillé à les faire disparaître, en désagrégeant et rongeant ces aspérités pour combler de leurs débris divers les dépressions du sol. Tels sont les faits généraux qui, en s'accumulant de siècle en siècle, ont fini par constituer l'écorce terrestre telle que nous la connaissons aujourd'hui.

Nous diviserons donc les matériaux qui composent l'écorce minérale du globe en trois grandes classes ou séries distinctes : 1° le *Terrain primitif* ou de cristallisation formé par le refroidissement de la matière ignée autour de la matière fluide et incandescente ; 2° les *Terrains sédimentaires* déposés par les eaux sur cette première enveloppe ; 3° enfin, les *produits d'épanchements* et *d'éruptions*, roches de cristallisation comme celles du terrain primitif et ayant une origine commune. Elles se sont formées à toutes les époques géologiques, soit par injection de la matière ignée, soit par éruptions volcaniques, et constituent des amas transversaux ou des accumulations au milieu des terrains des diverses périodes.

Partout où a pu pénétrer le marteau du géologue, on a toujours trouvé les couches stratifiées disposées entre elles dans un ordre constant ; c'est-à dire que celles qui sont supérieures sur un point ne deviennent jamais inférieures sur un autre. Chaque formation indépendante se distingue de celle qui la précède ou qui la suit par des caractères particuliers qui lui sont propres. Quant à l'âge relatif de chacune d'elles, il est suffisamment indiqué par l'ordre de superposition, aussi a-t-on très justement comparé la disposition des couches stratifiées à une pile de livres d'histoire entassés les uns sur les autres et placés de telle sorte, que chaque volume se trouve toujours immédiatement au dessus de celui qui renferme le récit des événements de l'époque précédente.

Il ne faudrait pas croire, cependant, que l'enveloppe minérale se divise en tranches ou en feuillets concentriques, dont le nombre soit égal sur tous les points, comme le sont par exemple les pellicules d'un oignon ; elle est composée de différentes masses de roches stratifiées qui se divisent en couches plus ou moins épaisses. Ces couches, de formes irrégulières et de nature différente, sont placées les unes au dessus des autres d'une manière variable, sans que, cependant, l'ordre des superpositions se trouve interverti ; mais il arrive souvent qu'un ou plusieurs terrains manque dans telle ou telle contrée, comme à telle ou telle hauteur de la série. Ainsi, les terrains modernes peuvent quelquefois se trouver posés sans intermédiaires sur les terrains anciens, et ceux-ci même, n'ayant jamais été recouverts dans certaines de leurs parties, ou ayant été dénudés après coup par les eaux, peuvent se montrer à la surface du sol.

Les roches de sédiment se divisent, suivant la classification géologique le plus généralement adoptée, en six périodes ou systèmes, qui sont de bas en haut, suivant l'ordre de leur formation, le primaire, l'intermédiaire ou de transition, le secondaire, le tertiaire, le quaternaire et le moderne.

Chaque période se divise à son tour en époques ou terrains, et ceux-ci en étages.

Mais, il faut bien l'avouer, ces divisions n'existent pas en réalité dans la nature, elles sont artificielles et faites pour suppléer aux bornes de notre intelligence, pour nous aider à coordonner et classer les faits, afin de les mieux comprendre et retenir. On ne peut, en effet, tracer des divisions absolues dans l'histoire de la Terre. Les sédiments n'ont pas discontinué de se déposer au fond des mers et des lacs, les phénomènes ignés ou volcaniques d'apporter de l'intérieur de la Terre des roches diverses, des laves, des gaz, les plantes n'ont jamais cessé de végéter sur un point ou sur un autre, les animaux de se reproduire ou de se remplacer à partir du premier moment de leur apparition sur le globe, et tout cela, pas plus que le temps, n'a cessé de marcher.

Personne n'ignore que les parties solides de la terre consistent en substances distinctes telles que argile, craie, sable, calcaire, granit, etc. Ces matières qui composent la croûte terrestre ne sont pas confusément mêlées ; des masses minérales distinctes occupent des espaces immenses et offrent un certain ordre dans leur disposition. Pour le géologue, toutes ces masses minérales, qu'elles soient molles ou pierreuses, solides ou pulvérulentes, sont des *roches*. Ce mot n'implique pas nécessairement une masse minérale présentant la condition de matière dure et compacte, c'est-à-dire pierreuse ; le sable et l'argile sont compris sous cette dénomination.

Trois éléments principaux composent les roches dont est formée la substance terrestre ; la *silice*, l'*alumine* et le *carbonate de chaux*.

La *silice* est une pierre très-dure, rayant le verre et faisant feu sous le briquet ; elle est translucide, à cassure vitreuse. Pure et cristallisée, elle constitue le quartz ou cristal de roche ; non cristallisée et moins pure, elle forme les agates, le silex ou pierre à fusil, la pierre meulière. Elle est insoluble dans l'eau et infusible au feu le plus intense de nos fourneaux ; mais, mêlée à une petite quantité de soude ou de potasse, elle se combine et se fond en un verre transparent. C'est la silice qui, réduite en grains plus ou moins fins, constitue le sable des dunes, celui de la mer, etc.

L'*alumine*, qui n'est autre chose que l'oxyde d'un métal nouvellement découvert, l'*aluminium*, offre au feu une résistance encore plus grande que le silice. Pure, elle constitue le corindon ; mêlée à la silice et à d'autres matières, elle donne naissance à l'argile, substance plastique, bien connue de tout le monde, et qui sert à la fabrication de la poterie, des tuiles, des briques.

Le *carbonate de chaux* ou pierre calcaire est de toutes les substances minérales la plus répandue sur la Terre ; elle forme des collines et des chaînes entières de montagnes. Elle est le produit de la combinaison de l'acide carbonique et de la chaux, se décompose avec effervescence par les acides nitrique et sulfurique, et donne par la calcination de la chaux vive, en perdant son acide carbonique. Elle forme des roches plus ou moins dures et d'une texture plus ou moins compacte. C'est de ces roches que sont extraits les moellons et les pierres de taille, qui servent à la construction de nos édifices. Quelquefois les parties qui constituent ces pierres ont si peu de cohésion entre elles, qu'elles se séparent sous la simple pression des doigts ; elles prennent alors le nom de *craie*.

Les marbres ne sont que du calcaire modifié par la chaleur. En effet, si l'on remplit de craie en poudre, bien tassée, un cylindre, et qu'on le bouche hermétiquement, de manière à pouvoir le chauffer sans que le calcaire se décompose, celui-ci fond et donne un produit à structure saccharoïde comme le marbre statuaire.

Combiné avec l'argile, le carbonate de chaux donne naissance aux marnes. Les grès ne sont que des sables agglutinés par un ciment calcaire. Les coquilles des mollusques et la portion solide des polypiers sont du carbonate de chaux, et leurs débris forment une grande partie des sédiments calcaires que les eaux de la mer déposent sur le fond de celle-ci.

Combinée avec l'acide sulfurique, la chaux donne le plâtre ou gypse et l'albâtre ; elle est combinée avec l'acide phosphorique dans les os des animaux.

Outre les trois éléments, siliceux, argileux et calcaire, qui forment la matière dont la Terre est principalement formée, il existe encore un grand nombre de substances résultant de la combinaison de ceux-ci ; tels sont : le *feldspath* et le *mica*, que l'on peut ranger, à cause de leur grande abondance, parmi les principaux composants de l'écorce terrestre.

Le *feldspath* forme la base de presque toutes les roches ignées. Il résulte de la combinaison chimique de la silice avec l'alumine et la potasse ou la soude. C'est une substance cristalline, naturellement blanche, quelquefois colorée, moins dure que le quartz. Sous l'action de l'air et d'autres agents, les feldspaths sont sujets à se décomposer ; ils perdent leur potasse et se convertissent en une substance terreuse, dans laquelle on voit prédominer les qualités de l'alumine. C'est à cette décomposition qu'est dû le kaolin ou terre à porcelaine. Il est même probable que toutes les argiles n'ont pas eu d'autre mode de formation.

Le *mica* est une substance éminemment lamelleuse, divisible en feuillets minces, élastiques, transparents et nacrés, comme le feldspath, c'est un composé de silice, d'alumine et de potasse, avec de l'oxyde de fer et de la magnésie. On trouve des micas de toutes les couleurs, et très-souvent en paillettes dans les sables sédimentaires. Il est très-abondant dans la plupart des roches d'origine ignée, surtout dans les granits, les gneiss, les micaschistes.

Le *granit*, une des roches les plus répandues et les plus importantes, en raison du rôle qu'elle joue dans la nature, se compose de quartz et de mica agglutinés par une pâte feldspathique à base de potasse ; le plus souvent de couleur grise ou rose.

Le quartz s'y présente ordinairement en grains plus ou moins arrondis et le mica en paillettes, souvent de couleur noire. Quand ces substances semblent former des feuillets assez minces, la roche prend le nom de gneiss.

Le granit est d'une dureté extrême et susceptible
d'un beau poli. Cette roche a fourni de tout temps
d'excellentes pierres de construction, mais elle
présente rarement des masses d'une certaine étendue dépourvues de fissures, et c'est ce qui rend si
remarquables les monuments de l'ancienne Égypte,
ces obélisques, ces colonnes, ces sphynx, tous ces
monolithes énormes dont la pierre est si parfaitement homogène.

Les *porphyres* sont comme le granit des masses
feldspathiques, masses à base de soude. Ces roches,
qui ont été de tout temps fort recherchées pour la
décoration des monuments, ont une grande dureté,
et sont susceptibles d'un beau poli. On les distingue
par les couleurs qu'elles doivent à la présence de
divers oxydes métalliques en porphyre rouge antique, vert antique, brun, bleu.

Le granit et les porphyres, ainsi que les autres
roches d'origine ignée, se distinguent des roches
calcaires par un caractère important. Toutes les roches calcaires se composent de strates, c'est-à-dire
de bancs superposés et souvent même séparés les
uns des autres par des couches de sable ou d'argile.
Le granit et les porphyres, au contraire, affectent
constamment la structure massive, et ne présentent
jamais rien qui puisse donner l'idée de couches ou
de bancs.

Parmi les roches éruptives se distinguent encore
l'*ophiolite* ou serpentine qui présente de nombreuses variétés ; leur couleur verte souvent bigarrée,
rappelant l'aspect d'une peau de serpent, leur a fait
donner leur nom, et les *basaltes* auxquelles se rattachent les laves de nos volcans actuels. Ces dernières roches, de couleur noirâtre, ou brunâtre,
affectent souvent par le retrait la forme colomnaire
ou prismatique.

Nous ne nous étendrons pas davantage sur les
caractères spécifiques des roches, n'ayant pas à
écrire ici un traité de minéralogie; mais nous don-
nerons les détails intéressants qui se rattachent à
chaque roche à mesure que nous la verrons apparaître dans la formation successive des terrains.

# CHAPITRE VIII



L'enveloppe terrestre commence par de gigantesques assises de granit qui en forment comme les inébranlables fondations. Ces roches, dues au premier refroidissement de la surface du globe sont cristallines, massives ; ce sont elles qui formèrent les parois des premiers bassins océaniques, et la base de tous les dépôts de sédiment. Cette croûte enveloppe le globe de toutes parts ; c'est la carapace qui enceint la masse incandescente et qui aujourd'hui est assez puissante pour neutraliser à l'extérieur la presque totalité de ses effets calorifiques. La solidification du terrain primitif s'est opérée de haut en bas, à l'inverse de ce qui est arrivé pour les terrains sédimentaires qui le recouvrent. Quand nous voyons cette roche granitique à la surface, nous devons supposer qu'elle y a été poussée par celles de la même classe qui se sont formées successivement au dessous, ou qu'une cause quelconque a fait disparaître les couches plus récentes qui la recouvraient.

Ce premier terrain éruptif, sillonné, déchiqueté par les eaux diluviennes, donna lieu aux premiers dépôts sédimentaires. Les blocs arrachés violemment à la roche massive furent entraînés et roulés par les eaux ; les plus gros s'arrêtèrent en chemin ; les moins lourds entraînés dans leur course vagabonde, choqués, broyés, pulvérisés, finirent par se réduire en poudre. Ainsi se formèrent les premiers sédiments au milieu des eaux. Ces matériaux se déposèrent naturellement suivant leur pesanteur, les plus gros fragments réunis, soudés entre eux par un ciment d'argile et de fer, sont ce qu'on nomme les conglomérats. Les sables grenus qui se déposèrent ensuite sont les grès; les particules les plus ténues formèrent les argiles. Quant aux calcaires qui vinrent ensuite, ils résultèrent de la combinaison de l'acide carbonique de l'air et du chlorure de calcium de la mer. Ces métamorphoses successives n'ont pas cessé de s'opérer à la surface de la terre; elles se continuent même de nos jours, et nous en voyons les effets dans la destruction lente des roches les plus dures, qui passent graduellement à l'état d'argile. Seulement les actions ont perdu beaucoup de leur énergie; les phénomènes sont devenus aussi lents qu'ils devaient être rapides aux époques où ils étaient si puissamment favorisés par une haute température et l'abondance de l'acide carbonique.

Au contact des roches éruptives, ces premiers dépôts de l'antique Océan ont éprouvé des modifications profondes; le feu les a cuits, fondus, fendillés, il en a même profondément changé la composition; les bancs d'argile sont devenus des schistes, des ardoises; la roche s'est feuilletée; les calcaires cristallisés se sont transformés en ce beau marbre blanc qu'emploie le statuaire. Ces premiers terrains sédimentaires ainsi transformés ont reçu le nom de métamorphiques, à cause du changement que le feu ou les eaux thermales leur ont fait subir.

Le *gneiss* est la plus ancienne de ces roches : celle qui se trouve au dessous de toutes les autres, et qui nous représente les premiers sédiments déposés au fond des premières eaux. La teinte de la roche est grisâtre ou brunâtre, et l'accumulation des paillettes de mica gris ou noir, posées à plat, lui communique une texture imparfaitement feuilletée. On y trouve disséminés des pyrites, du graphite, du corindon, des saphirs, des grenats, etc. C'est là le gisement originaire de diverses pierres fines qu'on retrouve dans les alluvions. On estime que le gneiss constitue à lui seul le cinquième de l'écorce consolidée. Ces couches puissantes présentent ordi-

nairement une stratification très-tourmentée ; soulevées par la force expansive de la masse fluide intérieure, elles forment, dans presque toutes les régions du globe, des montagnes et des dépôts immenses. Si l'étage du gneiss est stérile et ingrat
pour l'agriculteur, c'est, en revanche, un des plus
riches pour le mineur. On y trouve un très-grand
nombre de filons métallifères : de l'or, de l'argent,
de l'oxyde d'étain et de cuivre, du fer, du cobalt,
etc.

Le *micaschiste*, qui forme l'étage suivant, est composé de mica en lames et de quartz en grains. Il offre
beaucoup d'analogie avec le gneiss, mais sa texture
est plus feuilletée et sa surface souvent luisante et
satinée. Moins puissant que le gneiss, il occupe cependant encore des étendues considérables, et présente, sur certains points, jusqu'à mille mètres d'é-
paisseur. Le micaschiste est également riche en
minéraux.

Après les schistes viennent des bancs de conglomérats, d'ardoises, de calcaires passant au marbre.
Les masses ou des filons de roches cristallines, telles
que le granit, interrompent la continuité de ces
couches schisteuses sur des espaces plus ou moins
considérables. Leurs teintes sont blanchâtres, grisâtres ou rosâtres, suivant la couleur et la proportion du feldspath, du quartz et du mica qui les composent.

Vers la fin de cette première époque, le globe entier était couvert d'eaux peu profondes, du sein
desquelles émergeaient les pics granitiques nus ou
recouverts des premières couches schisteuses, et
dont l'ensemble formait comme un vaste archipel.

Les pays où se montrent à découvert les dépôts
primitifs sont : en France, la Bretagne, la Vendée ;
en Angleterre, le pays de Galles ; en Allemagne, le
Hartz et l'Erzgebirge, pays des mines ; la Scandinavie, une partie de l'Espagne, certaines portions de
l'Amérique du Nord et du Brésil riches en métaux
précieux. Ces pays émergeaient au dessus des
eaux à cette époque. Les roches primitives impri-
ment aux pays dont elles forment le relief un aspect
particulier. L'apreté, la teinte sombre et l'allure
tourmentée du terrain, donnent au paysage un as-

pect sauvage et énergique qui semble influer sur le caractère de ses habitants. Le basque, le breton, le corse, l'aragonais, le gallois, l'écossais, le saxon doivent à la rudesse de leurs contrées montagneuses quelques-uns de leurs traits distinctifs.

Les roches primitives et métamorphiques présentent dans leur état cristallin, comme dans leur composition, un aspect tout différent de celles qui constituent les autres terrains. La température à laquelle elles étaient soumises, était telle, qu'aucun végétal, aucun animal, ne pouvaient encore exister ; aussi les désigne-t-on sous le nom de *terrains azoïques* ou sans vie. Ce n'est que dans les premiers terrains sédimentaires qui vont suivre, que nous rencontrerons ces catacombes mystérieuses, où sont ensevelies les dépouilles confuses de la plus ancienne organisation connue.

# CHAPITRE IX


## PÉRIODE DE TRANSITION. — TERRAIN CUMBRIEN. — APPARITION DE LA VIE SUR LE GLOBE.

La période de transition ou intermédiaire, ainsi nommée parce qu'elle marque le temps écoulé entre le dépôt des premiers terrains ignés et celui des couches de sédiment non modifiées qu'on nomme secondaires, comprend les époques Cumbrienne, Silurienne, Dévonienne et Carbonifère, noms qui, — si l'on en excepte le dernier, — ont le tort de ne point caractériser les terrains qu'ils désignent. Le premier, le terrain Cumbrien, tire son nom de la province de Cumberland, en Angleterre, où il se montre à découvert sur une grande étendue ; mais on le rencontre également sur beaucoup d'autres points du globe. Il est composé, en grande partie, de roches schisteuses et de grès divers. Les couches les plus basses sont composées de schistes bleus luisants, d'ardoises vertes. Au dessus viennent des grès siliceux, des roches schisteuses dures, grises, rougeâtres, verdâtres, avec des veines de quartz. Dans le pays de Galles, les schistes de Llamberis fournissent de temps immémorial les ardoises les plus estimées. C'est aussi à cette époque qu'appartiennent les puissantes couches de schistes verts et luisants de l'ouest de la France.

Les schistes du terrain Cumbrien nous offrent les premiers vestiges de l'organisation. Les traces de

végétaux y sont un peu confuses ; on a pu y reconnaître cependant des empreintes d'algues ; on y
rencontre d'ailleurs de petits amas d'anthracite,
substance charbonneuse dont l'origine est évidemment végétale. Les rares traces d'animaux que l'on
y trouve appartiennent à des mollusques et à des
annélides d'une organisation très-simple. L'un
d'eux, qui a laissé son empreinte sur la pierre à
laquelle il était sans doute fixé, représente une sorte
de tige, articulée de distance en distance, et portant
à chaque angle un faisceau de linéaments disposés
en éventail. C'était une espèce de sertulariée. Ce
sont là les reliques authentiques des plus anciens

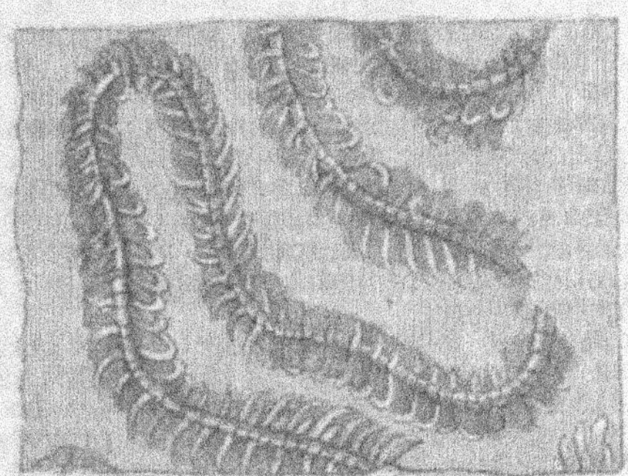

Fig. 4. — Mollusque cambrien. La Néréite.

animaux connus. Cependant, il ne nous est pas
donné de rencontrer le point précis où il a plu à
l'Éternel de manifester sa volonté créatrice ; d'autres êtres, d'une organisation encore plus simple,
avaient peut-être précédé ceux-ci : des algues, des
infusoires, des polypes, dont les téguments mous et
gélatineux, ne contenant aucune partie solide,
ont pu vivre antérieurement sans laisser de traces.

Ici se présente une des questions les plus inté-
ressantes, les plus controversées et les plus difficiles
à résoudre : — d'où sont venus ces animaux et ces
plantes ?

Aujourd'hui, pour qu'il se produise des êtres vivants, il faut des parents, des plantes et des animaux de la même espèce ; mais comment en est-il né à une époque où d'autres ne préexistaient pas ?

Qu'est-ce qui a existé d'abord ? la poule ou l'œuf, demandait déjà Pythagore il y a plus de deux mille ans.

Comme nous l'avons dit, les questions d'origine et de fin ne sont pas du ressort de notre intelligence ; et l'on ne peut trouver la solution de ce problème que dans la volonté et le *fiat* d'un créateur intelligent et parfaitement sage.

Sans croire que Dieu ait tout fait de ses deux mains, comme le veulent certains esprits étroits, qui ne s'aperçoivent pas qu'ils amoindrissent ainsi l'idée qu'on doit se faire de la puissance et de la grandeur de l'Être suprême ; sans croire, disons-nous, que Dieu soit descendu jusqu'à fabriquer, avec de l'argile des modèles de plantes et d'animaux comme un modeleur ses maquettes, il est permis de supposer qu'il a soumis le développement de la vie, comme celui de la matière, à des lois éternelles et permanentes, lois immuables et nécessaires, parce qu'elles sont éminemment sages, et que Dieu est la sagesse même.

En répandant à la surface de la terre les êtres organisés, le Tout-Puissant ne l'a point fait au hasard ; l'étude des fossiles que renferment les couches de la Terre nous fait voir, par la progression qui se montre aussi bien dans l'ensemble de l'organisation que dans le nombre des êtres successivement ajoutés, qu'une formule, qu'un plan suivi, a régi la création depuis son commencement jusqu'à nos jours.

On remarque, en effet, qu'à partir des couches les plus profondes où se manifeste la vie, jusqu'aux plus récentes, il se présente dans la succession des divers étages, relativement aux formes de la vie animale et végétale, un développement graduel d'organisation, une progression du simple au composé, et comme une série ascendante de systèmes vivants de plus en plus compliqués ou parfaits, de manière que, dans les strates les plus inférieures, prédominent les animaux dont les fonctions sont le moins élevées, mollusques, testacés, zoophytes, et les végétaux de la structure la plus simple, des algues marines, des acotylédones d'une taille démesurée, puis, apparaissent dans les formations suivantes, des poissons, d'innombrables reptiles aux proportions gigantesques, marins ou amphibies, rampant dans des savanes ou des marécages, au milieu d'une végétation intertropicale composée de fougères, de cycadées, de conifères. Enfin, les terrains tertiaires sont caractérisés par des oiseaux et par des mammifères terrestres, associés à des plantes dicotylédones, quatre ou cinq fois plus nombreuses que les monocotylédones, et ces débris organiques offrent, en général, les plus grands rapports avec les genres actuels. Quant aux dépôts les plus superficiels, diluviens et alluviens, ils renferment les restes des animaux et des plantes qui, pour la plupart, existent maintenant à la surface du globe.

Ainsi, les formes des animaux et des plantes fossiles s'éloignent d'autant plus des espèces actuelles que l'on descend à une plus grande profondeur dans les immenses tombeaux où ils sont ensevelis, et ils présentent une organisation de plus en plus complexe, à mesure qu'on remonte la série des terrains; bien qu'à tous les étages on retrouve, malgré de nombreuses modifications, les ordres les plus simples et les plus imparfaits, si, toutefois, l'on peut employer ce dernier mot; car, en réalité, il n'y a aucune organisation que l'on puisse regarder comme imparfaite, puisque la plus simple atteint avec une merveilleuse aptitude la fin pour laquelle elle a été créée. C'est un point non moins solidement établi dans l'histoire de la vie, que celui de l'extinction, aux diverses époques, d'espèces et de genres nombreux et même de familles entières, remplacés par des espèces, des genres et des familles d'un caractère tout différent, comme nous aurons souvent l'occasion de le remarquer dans la description des fossiles de chaque formation.

Cette succession de formes organiques, de plus en plus perfectionnées qui deviennent plus abondantes à mesure qu'on s'élève dans l'échelle des terrains, a conduit la plupart des géologues à admettre la création d'autant de systèmes particuliers de vie que l'on distingue d'époques géologiques et d'importantes modifications dans les conditions des di-

vers milieux ambiants, au sein desquels les êtres
organisés étaient appelés à se développer. La proportion des gaz atmosphériques, l'intensité ou l'activité plus ou moins grande du calorique, de la lumière, de l'électricité, durent, en effet, pendant la
longue jeunesse de la Terre, exercer sur l'organisme
animal et végétal une puissante influence. Cette influence paraît avoir été toujours en diminuant depuis l'origine de la vie ; la température s'est graduellement abaissée, depuis le degré de chaleur
ultra-tropicale qui paraît avoir été celui de toute la
Terre durant la période de transition, jusqu'à l'ordre
de choses actuel.

Ce décroissement progressif de la température à
la surface de la Terre est attribué, par les uns, au
refroidissement graduel de la croûte du globe, dont
l'épaisseur toujours croissante s'oppose de plus en
plus à l'influence de la chaleur centrale ; par les autres, à la diminution d'énergie ou d'intensité et d'é-
tendue dans l'action des phénomènes électro-chi-
miques, qui s'accomplissaient dans les éléments
inorganiques de l'enveloppe terrestre. Les deux
causes y ont probablement contribué

Mais comment les nouvelles espèces sont-elles
arrivées à la vie ? Quel est le principe générateur
qui a dirigé leur formation ? Comment l'Auteur de
toutes choses a-t-il procédé dans ce mystérieux travail ? Ce sont là autant de problèmes insolubles
pour l'esprit humain. Sur ce point, la vraie philosophie ne rougit pas de faire l'aveu de son igno-
rance. La loi des créations organiques, nous est
inconnue. Nous savons seulement qu'il y a une loi,
et que des conditions d'existence et de durée ont
été assignées par la Providence divine à chacune
des espèces végétales et animales, selon l'ordre de
leur apparition.

Parmi les théories qui se sont produites pour expliquer l'apparition de la vie à la surface du globe,
est celle de la génération spontanée des êtres, et de
la transformation graduelle des espèces. D'après
cette théorie, tous les êtres ne seraient que des modifications d'une seule espèce primitive, ou auraient
été produits successivement par le développement
d'un premier germe, qui, par l'effet d'une force inhérente à sa nature, et favorisé par les conditions

du milieu ambiant, aurait pu, de métamorphose
en métamorphose, atteindre graduellement aux fa-
cultés plus élevées des organismes supérieurs.
C'est ainsi que la moisissure, produite spontanément, se serait transformée en champignon, le
champignon en lichen, le lichen en mousse, celle-ci
en fougère, la fougère en palmier, etc.; que le po-
lype, d'abord infusoire, se serait développé jusqu'à
devenir mollusque, crustacé, poisson, reptile, oiseau; en un mot, que tout s'est modifié et transformé, jusqu'à ce que, finalement, le singe devint
homme; tous les êtres formant ainsi une échelle
continue, depuis la pierre jusqu'à l'homme. Mais
quelque séduisante que paraisse cette théorie au
premier abord, quel que soit le talent déployé par
les hommes qui l'ont soutenue, elle ne supporte pas
l'examen.

Et d'abord, la question des générations sponta-
nées est loin d'être résolue en faveur des hétérogénistes; et quand bien même elle le serait, cela ne
prouverait nullement que les premiers êtres vivants aient été produits de toutes pièces, sans
l'intervention d'un Créateur. De l'aveu même des
hétérogénistes, l'apparition des animalcules spontanés exige la présence d'un corps putrescible; on
ne les voit naître que dans les infusions de matière
organique. Jamais aucun animalcule n'apparaît
dans l'eau qui ne contient que des substances minérales. — Mais avant que parussent les premiers
végétaux et les premiers animaux, notre globe était
exclusivement minéral et ne renfermait aucune
trace de matière organique; d'où pouvaient donc
provenir les animalcules spontanés? — Quant à
l'énergie de la matière, aux forces physico-chi-
miques, etc., inventées pour les besoins de la cause,
ce sont des mots vides de sens. Combinées suivant
les affinités qui leur sont propres, les différentes
substances élémentaires ne donnent que des composés inertes, à formes régulières et invariables, in-
capables de mouvement et par conséquent de vie.
La vie ne naît que de la vie, et il n'en existe d'autre
que celle qui a été transmise de corps vivants en
corps vivants par une succession non interrompue.

Les idées les plus étranges se sont produites à ce
sujet : Duhamel ne voit dans l'homme qu'un pois-

son perfectionné; Oken va plus loin, il le fait naître
spontanément, sans le secours d'une mère, au
sein de l'onde, à l'instar d'un infusoire ; un naturaliste allemand, Schmitz, nous fait assister aux
transformations successives d'une plante en animal
et d'un animal en un autre animal. D'après lui,
par exemple, la tulipe n'est proprement que la
forme originaire du cygne! Mais laissons de côté
ces excentricités scientifiques.

Lamarck, qui a soutenu avec le plus d'éclat ces
étranges théories, part de cette idée, assurément
juste, dans une certaine limite, que l'exercice ou le
non exercice d'un organe contribue à en augmenter
le volume ou à l'amoindrir, et il voit dans le changement d'habitude des animaux la cause de tous
leurs changements d'organisation ; mais, poussant
jusqu'aux dernières conséquences les principes
qu'il a posés, il tombe dans des exagérations tout à
fait en dehors de la science.

Suivant lui, les circonstances extérieures font
tout, elles modifient profondément les êtres. Les
besoins modifient les habitudes et par suite les organes ; ils en créent même de nouveaux. Ainsi, les
oiseaux échassiers ne doivent leurs longues jambes
qu'aux efforts qu'ils ont fait pour marcher dans des
eaux plus profondes. Si quelques oiseaux qui nagent,
dit-il, ont de longs cous, comme le cygne et l'oie,
cela vient de leur habitude de plonger la tête dans
l'eau pour pêcher. — Mais pourquoi, pourrait-on lui
demander, la même habitude n'a-t-elle pas produit
le même effet dans les canards et une foule d'autres
oiseaux aquatiques? — Les serpents, ajoute-t-il, ayant
pris l'habitude de ramper sur la terre et de se ca-
cher dans les herbes, leur corps, par suite d'efforts
toujours répétés pour s'allonger, afin de passer dans
des espaces étroits, a acquis une longueur considérable. La girafe, habitant un sol aride et sans
herbage se trouve obligée de brouter les feuilles des
arbres ; de cette habitude, soutenue depuis longtemps dans tous les individus de sa race, il est résulté que les jambes de devant ont acquis plus de
longueur que celles de derrière, et que le cou s'est
prodigieusement allongé. Qu'un animal, pour sa-
tisfaire à ses besoins, fasse des efforts répétés pour
allonger la langue, elle acquerra une longueur con-

sidérable, comme dans le fourmilier et le pic vert ;
qu'il ait besoin de saisir quelque chose avec le même
organe, alors sa langue se divisera et deviendra
fourchue. L'habitude de rester debout sur les quatre pieds a fait naître une corne épaisse qui enveloppe les doigts chez les solipèdes. Chez certains herbivores, dans leurs accès de colère, qui sont
fréquents, leur sentiment intérieur, par ses efforts,
dirige plus fortement les fluides vers le sommet de
la tête, où il se fait ainsi une secrétion de matière
cornée ou osseuse qui produit les bois et les cornes.
(*Philosophie zoologique*).

J'en passe et des meilleurs.

Dans ces derniers temps une nouvelle théorie, pro-
cédant de celle de Lamarck et du perfectionnement
des êtres, celle du naturaliste anglais Darwin, a fait
beaucoup de bruit, sous le titre de loi de la sélection
naturelle.

Darwin affirme de prime abord que tout organisme est susceptible de transformation. Ce principe une fois admis, il s'en sert comme base de tout
son système. Chaque organisme, dit-il, ne conserve
l'existence qu'au prix d'une lutte continuelle. Dans
cette lutte, il subit une transformation qui lui est
favorable ou défavorable. Dans ce dernier cas il
périt ou retourne à sa forme originelle. Dans le premier, la transformation subsiste et se perpétue.
Tel serait, par exemple, un cerf, qui serait transféré
d'un lieu où l'herbe et les buissons ne manquent
pas, dans un autre endroit où la nourriture est également abondante, mais où il lui faudrait l'arracher
des arbres en tendant le cou et la langue pour atteindre aux branches. Dans cet exercice continuel
son cou s'allongera. Cet allongement se transmettra
à ses enfants ; une deuxième génération aura, en
outre, les jambes de devant plus hautes, jusqu'à ce
qu'enfin le cerf soit devenu girafe.

Notre auteur affirme donc, avec une persuasion
profonde, que de chaque créature en particulier
peuvent sortir des variétés. Si ces variétés prennent
consistance elles peuvent se répéter à l'infini ; si, au
contraire, elles s'écartent d'elles-mêmes, elles vont
en s'éteignant.

En poursuivant de cette façon son raisonnement
jusque dans ses dernières limites, Darwin arrive à

cette conclusion hardie qu'il n'a existé, dans le principe, que quatre ou cinq types pour les animaux et autant pour les plantes, dont un pour les mollusques, un pour les insectes, un autre pour les reptiles, un quatrième pour les oiseaux, et un cinquième enfin pour les mammifères. Mais bientôt il trouve qu'il accorde trop ; et se ravisant : « Qu'ai-je encore besoin, s'écrie-t-il, de types originaux pour les grandes espèces d'animaux et de plantes ? Tous ne sortent-ils pas de cellules ? L'alvéole n'est-elle pas le germe, la forme originelle de tout ce qui a été créé, du fétu de paille avec son épi, comme de l'éléphant avec sa trompe et ses défenses ? » L'alvéole ou la cellule est donc le premier organisme qui ait existé ; de là sont sortis tous les animaux et toutes les plantes.

Une foule d'objections s'élèvent contre ce système.

D'abord, l'expérience prouve que l'espèce est fixe et ne se transforme pas en une autre. Les variations qui résultent des circonstances extérieures, ainsi que celles qui proviennent du croisement des espèces voisines sont très-limitées dans la nature ; elles sont, il est vrai, beaucoup plus grandes dans les animaux domestiques ; mais elles sont toujours superficielles. D'autre part, les variations qui résultent du croisement des espèces voisines ne sont pas continues. Si les métis s'unissent entre eux, ils deviennent inféconds dès la seconde ou la troisième génération, et s'ils s'unissent à l'une des deux espèces primitives, ils retournent à l'espèce. On n'a pu encore obtenir une seule preuve du contraire.

L'Égypte nous a conservé, dans ses catacombes, des chats, des chiens, des singes, des têtes de bœufs, des ibis, des oiseaux de proie, des crocodiles ; et bien que ces animaux datent d'au moins quatre mille ans, ils n'offrent aucune différence avec le type des espèces actuelles. Que si l'on objecte que quarante ou cinquante siècles sont une période de temps infiniment trop courte, et qu'il a fallu des milliers de siècles pour amener des modifications dans les êtres vivants aussi bien que dans l'écorce terrestre pourquoi la terre ne nous a-t-elle pas conservé les traces de ces modifications ? Pourquoi ne découvre-t-on pas les formes intermédiaires entre le cerf et la girafe, entre le tapir et l'éléphant? Si la géologie ne nous a révélé aucune de ces formes de transition, c'est que ces formes n'ont jamais existé, et celle de toutes les sciences sur laquelle on devait compter le plus pour étayer ce système lui refuse son témoignage.

Puisque nous ne connaissons aucune force naturelle qui ait pu produire les espèces, disent les partisans de cette théorie, il faut bien qu'elles soient provenues de la transformation d'une espèce antérieure voisine et ordinairement plus simple. Mais, de ce que nous ne connaissons pas une chose, s'en suit-il rigoureusement qu'une autre soit vraie ou démontrée? Ce n'est ici qu'une simple affirmation opposée à une négation basée sur l'observation des faits actuels.

L'espèce n'a donc pas plus varié pendant les temps géologiques que durant la période de l'homme; les différences qui ont pu et qui ont dû même se manifester aux différentes époques géologiques dans l'action des agents physiques, les révolutions, enfin, que notre globe a subies, et dont il présente dans son écorce les marques indélébiles, n'ont pu altérer les types originairement créés; les espèces ont conservé, au contraire, leur stabilité, jusqu'à ce que les conditions nouvelles aient rendu leur existence impossible; alors elles ont péri, mais elles ne se sont pas modifiées. Les espèces ont une existence réelle dans la nature, et chacune d'elles, au moment où elle fut créée, dut être douée des attributs organiques qui les distinguent encore aujourd'hui.

L'exécution de ce plan admirable et si parfaitement suivi, depuis l'origine des choses, doit donc être considéré comme l'effet immédiat de l'activité systématique et continue d'un Créateur qui a calculé et pesé l'ordre d'apparition, le degré d'organisation et la destination de ces innombrables espèces d'animaux et de végétaux, et qui les a créées, séparément, suivant le temps et le lieu qui leur convenaient.

# CHAPITRE X



A l'agitation produite par les soulèvements et les dislocations du terrain Cumbrien succéda une période de calme, pendant laquelle se précipitèrent de nouveaux sédiments, provenant des débris pulvérisés ou arrachés par les eaux aux formations précédentes. Ce sont des schistes ardoisiers noirâtres, des calcaires gris ou bleuâtres, cristallisés par le contact de la matière en fusion qui continuait à jaillir par les soupiraux béants de l'écorce terrestre.

Tels furent les éléments des dépôts formés pendant cette seconde époque, et que de nouveaux soulèvements ne tardèrent pas à mettre au jour, en formant de nouvelles îles ou en réunissant entre elles quelques-unes de celles déjà formées. Un grand nombre de ces îles, aujourd'hui fort éloignées de la mer pour la plupart, existent encore. On les observe sur une grande étendue dans le pays de Galles, autrefois pays des Silures, ce qui a fait donner à ces dépôts le nom de *terrains siluriens*. On les rencontre également en Bretagne, où ils renferment de riches gisements de silicate de fer et de galène argentifère que l'on y exploite. C'est à cette formation que se rapportent les ardoisières d'Angers et celles des Ardennes.

Les calcaires de cette époque sont riches en fos-

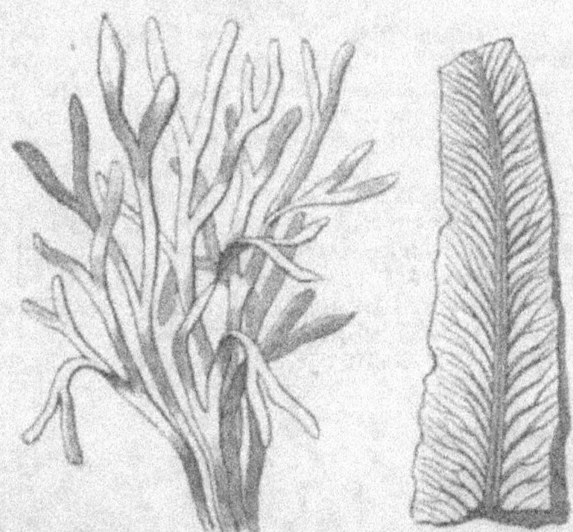

Fig. 5 et 6. — Algues siluriennes.

siles ; on y trouve des plantes inférieures, toutes des algues, des polypiers, des mollusques, des crustacés. Les *trilobites* abondent surtout dans le schiste ardoisier d'Angers. Ces singuliers crustacés, qui doivent leur nom à leur carapace divisée en trois lobes, avaient une forme qui rappelle celle de nos cloportes, mais leurs proportions étaient beaucoup plus considérables. Ce sont les premiers représentants de la classe des crustacés à la surface du globe, mais ils dis-

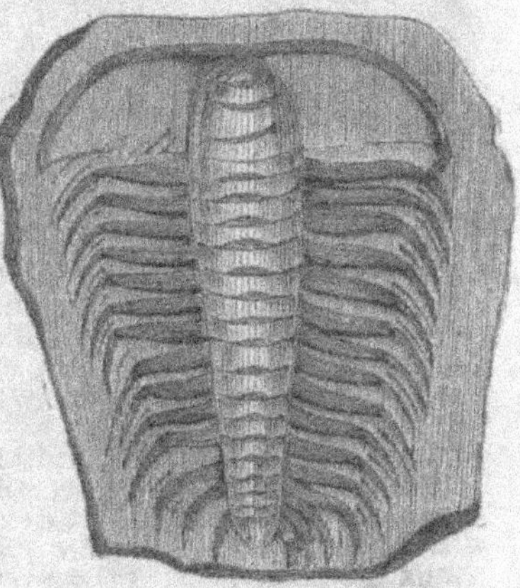

Fig 7. — Trilobite.

paraîtront bientôt pour faire place à d'autres espèces.

Les crinoïdes ou *encrines*, très-abondantes dans les premiers terrains fossilifères, sont des animaux radiaires fort singuliers. On ne les rencontre presque jamais complets à cause de leur fragilité; mais leurs débris sont disséminés dans les couches calcaires de cette époque. Leur tige, composée d'un nombre considérable de petits disques étoilés et fixée par sa base à la pierre, se terminait par un bouquet de tentacules, au moyen desquels ils arrêtaient leur proie au passage. Cet étrange animal ressemblait à un lis ou à une tulipe minérale. Il y en avait de plusieurs mètres de longueur.

Le type des mollusques se perfectionne rapide-

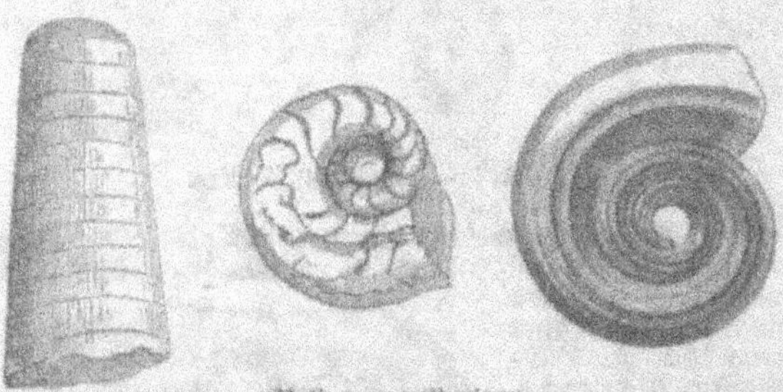

Mollusques siluriens.

Fig. 8.
Orthocera.     Fig. 9. — Goniatite.     Fig. 10. — Nautile.

ment : aux espèces gastéropodes et ptéropodes viennent se joindre des céphalopodes d'une organisation déjà très-avancée. Ce sont des *orthocéras*, des *goniatites*, des *nautiles*, dont les coquilles offrent une très-grande ressemblance avec celles des espèces et des genres actuels et qui, par conséquent, devaient avoir des habitudes et des appétits tout à fait analogues.

Au soulèvement du terrain silurien succéda une longue période de repos pendant laquelle se déposèrent des conglomérats et des grès, composés des débris des roches siluriennes. Puis viennent les vieux grès rouges, qui doivent leur coloration à l'oxyde de fer, et dont les couches, alternées de schistes et de calcaires, forment le *terrain devonien*, ainsi nommé parce qu'il a surtout été étudié par les géologues anglais dans le comté de Devon.

Déjà, pendant cette époque, la température s'étant sensiblement abaissée, les eaux durent absorber une partie de l'énorme quantité de gaz acide carbonique répandu dans l'atmosphère, et, dès lors, se déposèrent en abondance les roches calcaires. La diminution graduelle de l'acide carbonique de l'atmosphère par son passage à l'état de carbonate de chaux, dut avoir une action considérable sur le développement de la vie organique à la surface du globe. Cet air chargé d'acide carbonique n'aurait pu être respi-

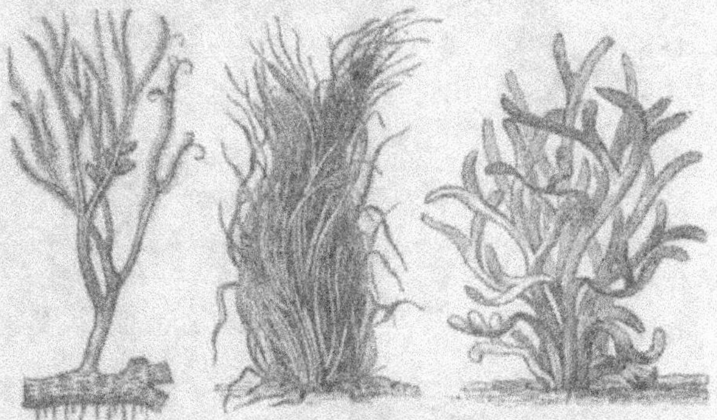

Fig. 11, 12 et 13. — Végétaux devoniens.

rable par des animaux à sang chaud, et de long-temps encore nous ne verrons ceux-ci habiter la terre. Mais ce gaz qui est un poison pour les animaux, est au contraire le principal agent vital des végétaux, et ceux-ci, en absorbant le carbone et restituant l'oxygène nécessaire à la respiration des animaux, durent aider considérablement à la purification de cet air primitif, en même temps qu'ils emmagasinaient le principal élément de notre richesse en combustibles fossiles. Aussi voyons-nous, pendant cette époque et la suivante, la végétation terrestre prendre un développement considérable.

La vie, jusqu'alors exclusivement marine, com-

Fig. 14. — Fougère arborescente.

mence à se développer sur la terre; des roseaux et des prêles s'élèvent d'abord sur les rives des îles,

qui, peu à peu, se couvrent elles-mêmes de végétaux. Vers la fin de l'époque devonienne, de vastes
forêts ombrageaient le sol. C'étaient des fougères en
arbre, telles qu'on n'en voit plus aujourd'hui d'analogues que dans les régions tropicales, des prêles et
des lycopodes gigantesques, dont les représentants
actuels ne sont que de mauvaises herbes qui croissent dans les prés marécageux, mais qui, alors, attei-

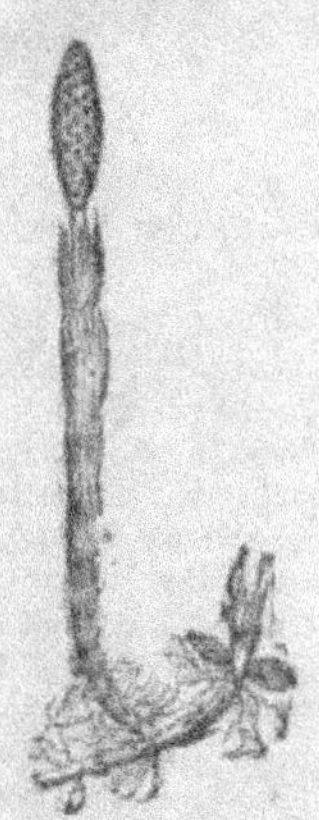

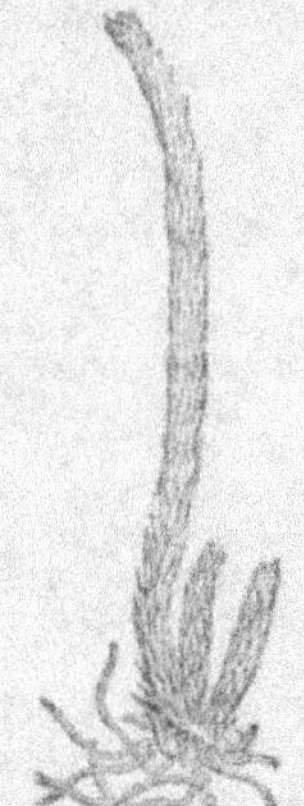

Fig. 15. — Prêle.  Fig. 16. — Lycopode.

gnaient la hauteur des plus gros bambous de l'Inde.
Déjà paraissent des sigillaires et des lepidodendrons, arbres au tronc papeloné d'écailles, dont la
luxuriante végétation caractérise l'époque suivante.
Malgré leur développement colossal, toutes ces
plantes ont une organisation très simple; aucune
d'elles ne porte de fleurs, toutes sont cryptogames,
c'est-à-dire à organes reproducteurs ordinairement
cachés et difficiles à reconnaître.

La vie animale se développe aussi; outre les mollusques, les crustacés et les zoophytes qui, déjà,
peuplaient les eaux de l'époque précédente, on voit
apparaître de nombreux poissons, qui présentent

des formes spéciales et quelquefois si bizarres que
ce n'est qu'avec hésitation qu'on les a rapportés à
cette classe. Ce sont les premiers vertébrés de la
création.

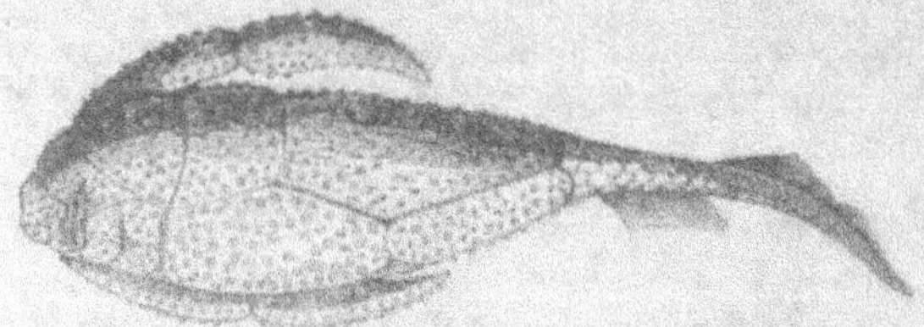

Fig. 17. — Astérolepis, poisson dévonien vu en dessous.

Ces poissons avaient une organisation particulière ; leurs écailles anguleuses étaient composées de
plaques osseuses ou cornées revêtues d'une lame
mince d'émail. Leur queue était inégalement bilobée
et la colonne vertébrale se prolongeait dans le lobe
caudal supérieur, caractères qui ne se retrouvent
aujourd'hui que chez les Squales et les Esturgeons,
c'est-à-dire dans un très-petit nombre d'espèces,
tandis qu'ils existaient chez tous les poissons de
ces temps antiques. Quelques-uns de ces animaux
atteignaient une très-grande taille, huit à dix mètres. Certaines espèces, présentant des caractères

Fig. 18. — Céphalaspis, poisson dévonien.

propres aux reptiles, semblent annoncer l'arrivée
prochaine de ces derniers.

Parmi les plus remarquables de ces poissons
étaient : l'*astérolepis*, dont le corps gigantesque était
protégé par une forte armure osseuse garnie de tu-

bercules en forme d'étoiles ; le *cephalaspis*, dont la tête seule était protégée par un bouclier écailleux, et surtout le *megalichthys*, monstre moitié poisson moitié tortue. Sa tête ressemblait à celle d'un brochet, et son dos était recouvert de larges plaques écailleuses, assez semblables à la carapace d'une tortue, aux pattes de laquelle ressemblaient ses nageoires allongées et couvertes d'écailles. Peut-être

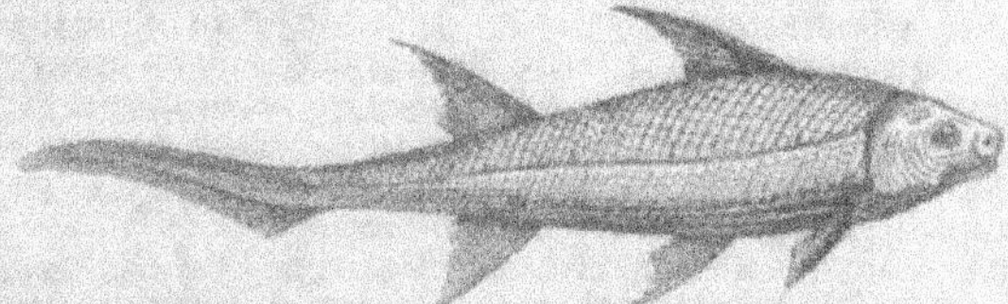

Fig. 19. — Diplacanthus, poisson dévonien.

ces membres rudimentaires lui permettaient-ils de sortir de l'eau et de ramper à terre, si, toutefois, son organisation le rendait apte à respirer l'air en nature.

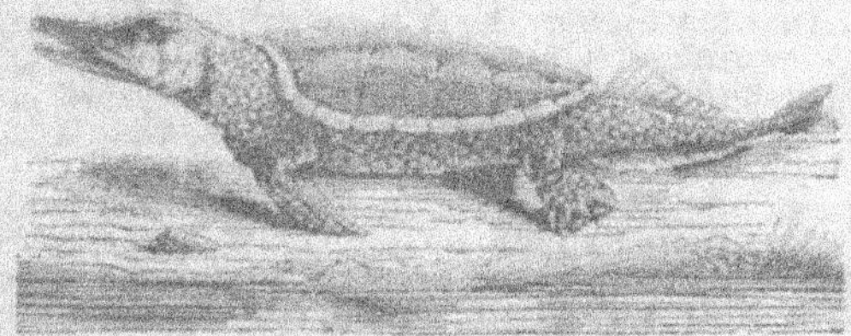

Fig. 20. — Megalichthys.

C'est dans les couches supérieures du vieux grès rouge que l'on a trouvé, en Angleterre, les premiers débris de reptile ; ce sont les os d'un petit lézard ou d'une salamandre aquatique qui pouvait avoir de douze à quinze centimètres de long.

Pendant que s'accomplissaient des modifications importantes dans la masse atmosphérique, les sédiments continuaient à se déposer sous les eaux,

et ces couches offriraient une très-grande continuité
si, de temps à autre, l'action ignée n'était venue
bouleverser ces dépôts solidifiés. Lorsque, le gaz
se développant à l'intérieur, l'équilibre se trouvait
rompu entre la résistance de l'enveloppe et leur
force expansive, ces gaz se frayaient un passage à
travers les points les plus faibles, soulevaient et
déchiraient plus ou moins la croûte terrestre, et la
matière fluide et incandescente venait s'épancher à
la surface. De là ce grand désordre qui existe dans
les couches anciennes, qui, de planes et horizontales qu'elles étaient, sont devenues plus ou moins
inclinées et redressées; de là encore les plissements
divers et les dislocations que présentent certaines
roches, et les masses de granit et de porphyre qui
les interrompent ou s'y intercalent.

De nouveaux soulèvements firent surgir des eaux
ces terrains Devoniens qui, presque toujours, se
trouvent en stratification discordante avec les terrains antérieurs qu'ils recouvrent, et qui, outre la
Bretagne, terre ancienne par dessus toutes les
autres, véritable musée où se conservent les types
de toutes les formations primitives, couvrent de
larges surfaces en Angleterre et en Écosse, dans
l'est de la France et en Belgique, en Saxe et dans
l'Amérique du Nord. C'est à cette époque que
s'élevèrent les ballons des Vosges et les collines du
Bocage normand. C'est également à cette époque
qu'appartiennent les porphyres de la Lozère et les
granits du Broken immortalisés par les chants de
Goethe.

Au milieu de ces effroyables ébranlements, la vie
ne disparut jamais tout à fait, mais des espèces
nombreuses s'éteignirent pour ne plus reparaître.
D'autres leur succèdent, mais ces changements
n'ont pas eu lieu insensiblement d'une formation à
l'autre; et, ni les mêmes genres, ni souvent les
mêmes familles ne traversent les séries successives
des grandes formations. On ne peut donc admettre
une simple modification des êtres due au milieu
qu'ils habitaient, et il semble difficile d'expliquer
les changements qui, à diverses époques, ont eu
lieu dans l'organisation autrement que par des
actes de création directs et plusieurs fois répétés.

# CHAPITRE XI



Les soulèvements qui eurent lieu à la fin de l'époque Devonienne mirent au jour des couches calcaires qui, rongées, minées et entraînées par les eaux, donnèrent naissance à des bancs sous-marins d'un carbonate de chaux rendu noirâtre par les particules d'anthracite mêlées avec lui, et que, pour cette raison, l'on a nommé *calcaire carbonifère*.

L'*anthracite* est une substance minérale d'un noir brillant, composée de carbone presque pur. Elle diffère de la houille en ce qu'elle est privée de bitume, et n'est probablement que la houille modifiée par le métamorphisme, une espèce de coke naturel. Elle brûle difficilement, sans feu, sans flamme et sans odeur; s'éteignant à l'instant même où on la retire du

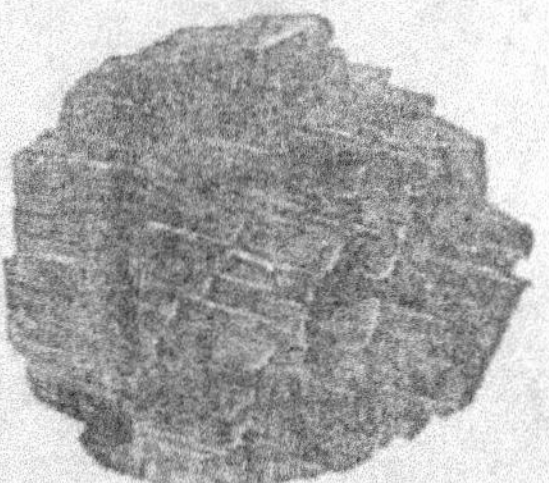

Fig. 21. — L'anthracite.

foyer. On emploie l'anthracite comme combustible, mais il faut pour l'enflammer, la mêler avec du bois ou de la houille; une fois qu'elle est embrasée la combustion se continue d'elle-même en produisant une chaleur intense. Cette substance est tantôt massive tantôt feuilletée; quelquefois aussi sous forme de fragments détachés ou de poussière terreuse. Les dépôts les plus considérables d'anthracite, en France, se trouvent entre Nantes et Angers, dans la Mayenne et dans la Sarthe; on en rencontre encore dans l'Isère et le Bourbonnais.

Le calcaire anthraxifère, dont la puissance moyenne est de 4 à 500 mètres, forme la base sur laquelle repose le terrain houiller proprement dit. Il est compacte, quelquefois grenu, et offre la sin-

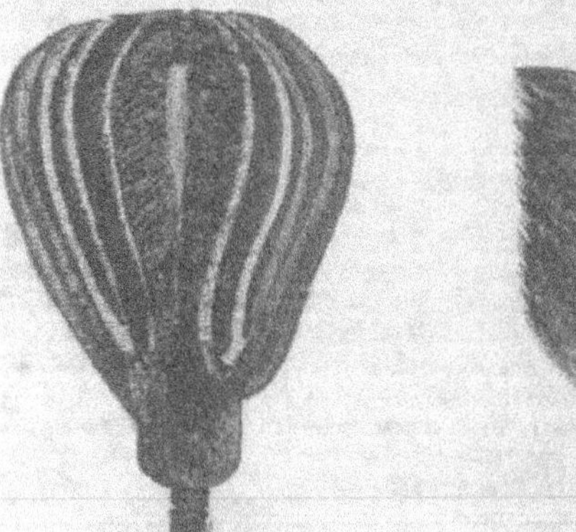

Crinoïde du terrain carbonifère.

Fig. 22. — Platycrinus.          Fig. 23. — Rameau détaché du
                                            précédent.

gulière propriété de donner par le frottement une odeur fétide. Sa couleur grisâtre ou noirâtre est due aux matières charbonneuses et bitumineuses qu'il renferme.

Sur quelques points, cette roche a été convertie par l'action du métamorphisme en marbres, connus dans l'industrie sous les noms de marbre noir de Dinan, marbre de Sainte-Anne, pierre d'Écaussines. Quoique fort employés, ces marbres présentent un grand inconvénient, par suite des parties bitumineuses qu'ils renferment : lorsque l'on pose dessus un corps chaud, la chaleur réagit sur ces parties bitumineuses et forme des tâches qui obligent à le faire repolir.

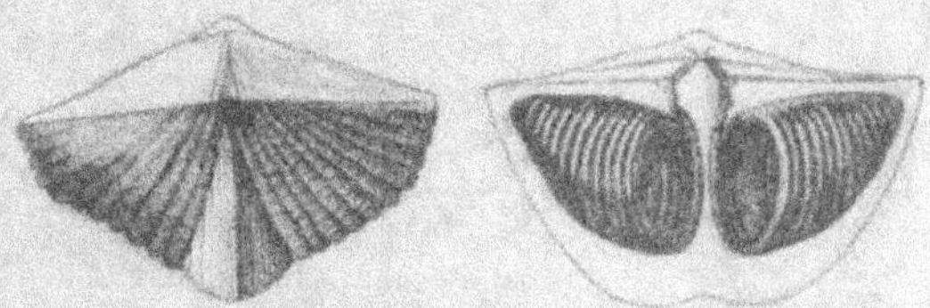

Mollusque du terrain carbonifère.
Fig. 24. — Spirifer.　　Fig. 25. — Spirifer dépouillé de sa coquille.

On rencontre interposés aux couches antraxifères des lits de silex noirâtre, du peroxyde de fer et des couches parfois très-épaisses de calcaire magnésien.

Cet étage est très-riche en fossiles : polypiers, mollusques, radiaires, crustacés, poissons ; quelquefois même la roche n'est qu'un amas de coraux et de crinoïdes.

La flore de cette époque offre une exubérance de

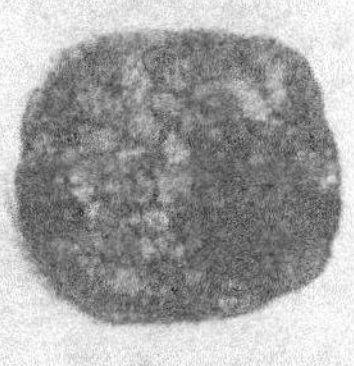

Polypiers du terrain carbonifère.
Fig. 26. — Lithostrotion basaltiforme.　　Fig. 27. — Londsdaleia floriformis.

vie extraordinaire ; sans exemple dans le passé, sans analogie dans les âges suivants. La terre a toute la beauté et la vigueur de la jeunesse ; partout le sol

est paré de verdure ; d'immenses forêts couvrent
les îles, et la végétation offre un développement

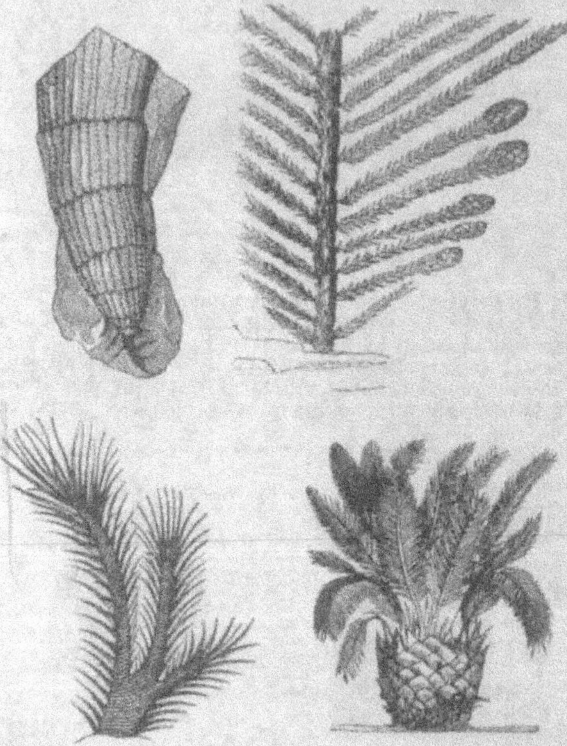

Végétaux de terrain carbonifère.
Fig. 28. Calamite. — Fig. 29. Walchia. — Fig. 30. Lepidodendron. —
Fig. 31. Cycadée.

dont la luxuriance même des forêts tropicales actuelles pourrait à peine nous donner une idée. Les
énormes calamites, les sigillaires au tronc élancé,

Fig. 32. — Une forêt pendant l'époque carbonifère.

les gigantesques lepidodendrons, les cycadées, les
walchias; ancêtres des palmiers et des conifères,
les fougères arborescentes, forment partout des
forêts impénétrables. Tous ces végétaux sont disparus aujourd'hui; quelques petites plantes aquatiques
et marécageuses, telles que les prêles et les lycopodes, rappellent seules de nos jours, et sous nos climats, les plantes houillères ; mais, comparées avec
elles, elles sont comme le plus humble brin d'herbe
à côté du chêne superbe de nos forêts.

Cependant, un silence de mort devait régner dans
ces forêts ; nul bruit, si ce n'est celui du vent qui
entrechoquait ces roseaux et ces prêles gigantesques, ne devait animer leurs effrayantes solitudes. Il
n'existait encore aucun des insectes qui vivent sur
les fleurs, aucun oiseau dans les bois, ni sur les bords
des lacs et des étangs, aucun mammifère sur les
terres émergées, et, par conséquent, aucun chant,
aucune voix, interrompant le silence solennel de
cette nature si riche et cependant muette.

La vie semble toujours être concentrée dans les
eaux; des zoophytes, des mollusques, des crustacés,
des poissons, sont à peu près les seuls êtres vivants. Cependant, avec la flore terrestre, commencent à paraître quelques reptiles amphibies, que
faisaient déjà pressentir ces énormes poissons sau-
roïdes de l'époque précédente : dans les vastes savanes, dans les marais où végétaient les calamites,
les lepidodendrons et les sigillaires de cette époque
vivaient des reptiles labyrinthodontes, c'est-à-
dire à dents d'une structure très-compliquée, et
dont la forme était celle de salamandres gigantesques ; d'autres, intermédiaires entre les batraciens
et les lézards, l'un d'eux, l'*ophioderpeton*, avec un
corps de serpent monté sur des pattes très-courtes,
représentait les cécilies actuelles.

Au dessus de l'étage anthraxifère, et comme servant d'assise à l'étage houiller, sont des grès feldspathiques et quartzeux, assez abondants pour fournir des meules à toute l'Angleterre ; ces grès sont
aussi très-répandus dans les Ardennes.

L'étage houiller présente un intérêt tout particulier à cause de l'abondance du précieux combustible
qu'il recèle ; c'est le plus important de toute la série
géologique au point de vue économique industriel.

Il est composé de couches successives de grès divers, nommés grès houillers, de schistes souvent bitumineux et inflammables, et enfin de houille. Cette substance n'appartient pas exclusivement à l'étage houiller, mais elle y atteint son maximum d'abondance et en devient par là le caractère le plus constant.

Fig. 33. — Houille grasse.

Fig. 34. — Houille maigre.

La houille proprement dite ne forme guère à elle seule, même en Angleterre et en Belgique où elle abonde, qu'une portion insignifiante de la masse totale. En Angleterre, la puissance des couches carbonifères s'élève à plus de 900 mètres, tandis que les lits de combustible, au nombre de trente à quarante, ne dépassent pas 25 mètres dans leur ensemble.

Fig. 35. — Lignite.

Les couches carbonifères ne paraissent pas être déposées partout dans les mêmes conditions; mais dans tous les cas, la houille doit son origine à des masses de végétaux enfouies au sein des eaux, et ayant subi, sous une forte pression, une décomposition particulière.

D'après Liébig et d'autres chimistes, lorsque le

bois et la matière végétale sont enfouis dans la terre, exposés à l'humidité et soustraits en partie ou en totalité à l'action de l'air, ils se décomposent lentement et se convertissent en lignite imprégné d'une forte proportion d'hydrogène. La décomposition continuant, le lignite passe à l'état de houille ordinaire ou bitumineuse par le dégagement de l'hydrogène carboné.

Dans certaines circonstances, des masses d'eau considérables, déplacées par les soulèvements et lancées comme un gigantesque torrent, ont dû raser des îles entières extrêmement boisées. Arrachées du sol qui les avait vues naître, entraînées par ces inondations ou par des courants plus ou moins violents, les plantes furent jetées en masse dans des lacs, des golfes, des baies. Là, après avoir flotté quelque temps à la surface, ces bois, saturés par l'eau, durent couler au fond avec les détritus que la répétition du même phénomène accumulait successivement.

C'est ainsi recouverts, et, probablement, sous l'influence d'actions chimiques et de circonstances diverses, que, peu à peu, ces végétaux ont changé de forme et sont passés à l'état de charbon minéral. Le charriage de troncs d'arbres que font encore de nos jours certains fleuves est bien propre à nous donner une idée de ce qui put se faire d'analogue, alors que toutes les circonstances favorables étaient réunies pour permettre le développement d'une végétation gigantesque, végétation dont nous trouvons en effet les débris dans l'étage houiller.

Dans d'autres cas, la houille paraît avoir pour origine d'anciennes tourbières ; c'est-à-dire qu'elle résulterait de la décomposition successive et sur place d'une abondante végétation herbacée, accumulée dans certaines dépressions, et qui a pu, par la compression et sous l'influence de certaines circonstances particulières, passer à l'état de houille. Ainsi, en France et en Allemagne, un phénomène physique particulier aurait fait succéder des dépôts d'eau douce à des dépôts marins. Les calcaires précédents auraient été disloqués, puis soulevés, et, dans les dépressions ainsi produites, se seraient accumulés comme dans des marais ou des lacs d'eau douce, les vases, les argiles et les végétaux qui ont ensuite formé les lits de charbon. C'est ainsi que dans le bassin du pays de Galles, on ne voit que d'immenses accumulations de sédiments lacustres ou fluviatiles sur une épaisseur totale de 3,000 mètres, une centaine de lits de charbon sont disséminés à divers niveaux. Chaque lit repose sur une couche d'argile fine, remplie de *stigmaria* ou racines de sigillaires, l'une des plantes qui, sans doute, ont le plus contribué à la formation de la houille. Ces singulières plantes y conservent souvent leur forme naturelle et envoient dans toutes les directions, à travers le limon, leurs racines énormes.

Fig. 26. — Stigmaria.

Dans les schistes argileux qui recouvrent la houille comme un toit, on trouve, au contraire, des troncs d'arbres aplatis et comprimés de sigillaires, de fougères, etc.

Il n'est pas rare de rencontrer dans les houillères des troncs d'arbres qui ont conservé leur position verticale, et dont les racines sont entremêlées avec celles d'autres arbres voisins, également dressés. Il en existe un exemple remarquable en France, dans la mine du Treuil, près Saint-Étienne. Le plus souvent, on les voit inclinés ou couchés parallèlement aux lignes de stratification. On les trouve parfois dans un état de conservation si parfaite, qu'en les soumettant au microscope, on a pu étudier les détails les plus délicats de leur organisation. Dans le dépôt houiller de South Joggins qui borde l'un des golfes de la baie de Fundy, dans la Nouvelle-Écosse, on reconnaît une succession très-remarquable de forêts fossiles. On observe des troncs d'arbres de 2 m. à 2 m. 50 de hauteur, plantés droits, perpendiculaires au plan des couches; ils ont de 0 m. 30 à 0 m. 40 de diamètre. Sur une épaisseur de 426 mètres où l'on exploite les nombreux lits de charbon, on a pu constater jusqu'à 68 niveaux différents de végétation, offrant des traces

très-reconnaissables de sols superficiels, avec des
racines de plantes qui, pour la plupart, sont des sigillaires, des lepidodendrons et des calamites ; de
sorte qu'on a ici la preuve d'au moins soixante-huit
forêts fossiles, situées les unes au dessus des
autres !

En considérant que les dépôts houillers ont dû se
former à la manière des deltas de nos jours, l'il-

Fig 37 — La mine du Treuil, à St Étienne.

lustre géologue anglais Lyell fait voir, que le Mississipi, qui charrie annuellement tant de matières
sédimentaires et de débris à son embouchure, met-
trait plus de deux millions d'années, pour accumuler
une quantité de sédiments égale ; et, en supposant
même l'action des phénomènes anciens dix fois plus
active, il aurait fallu au moins deux mille siècles
pour arriver à ce résultat. Si, d'un autre côté, on

calcule le temps exigé pour le développement de
chaque végétation qui a donné lieu à un de ces lits
de charbon, on trouve que le nombre d'années pré-
cisé est plutôt au dessous de la vérité.

On rencontre quelquefois dans la houille même
des débris de toutes les familles de plantes qui ca-
ractérisent l'étage houiller. Les feuilles elles-mêmes
semblent parfois simplement desséchées, et, alors,
elles sont si bien expalmées, que l'on serait tenté de
croire qu'un botaniste patient les a étendues avec le
plus grand soin dans ces immenses herbiers de la
nature. Chose singulière ! dans la flore fossile de la
formation carbonifère, la moitié des espèces connues de plantes arborescentes a les feuilles placées
exactement les unes au dessous des autres en séries

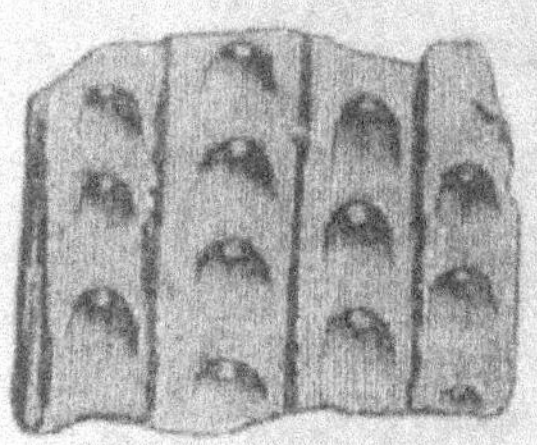 

Sigillaires.

Fig. 38. — Sigillaria lævigata.     Fig. 39. — Sigillaria pachyderma.

parallèles ; parmi les végétaux actuels, un petit
nombre de plantes grasses offrent seules cette disposition. Chose plus remarquable encore, les plantes
recueillies dans les houillères d'Europe se retrouvent partout les mêmes, en Amérique et dans l'Inde,
et sous toutes les latitudes, au nord comme au
midi. Ceci tend à prouver que, à l'époque où se formait le terrain carbonifère, non-seulement la température était plus élevée qu'aujourd'hui, mais encore plus uniforme, plus également répartie sur
toute la surface du globe, encore soumis à l'influence
de son foyer central.

Les végétations des terrains houillers appartiennent pour la plupart à des cryptogames vasculaires.

Les dicotylédones, qui, maintenant, forment les

deux tiers des végétaux vivants, y sont à peine représentés par quelques rares conifères, c'est-à-dire par les espèces les moins élevées en organisation de cette classe. Le plus grand nombre de ces plantes n'a plus de représentants sur la terre. Plusieurs même ont cessé d'exister après le dépôt de la formation houillère.

Les fougères constituent à elles seules à peu près la moitié de la flore carbonifère; elles appartiennent presque toutes à la tribu des polypodiacées, qui renferme encore aujourd'hui la plupart des espèces arborescentes des régions tropicales.

Les *sigillaires*, voisines des fougères arborescentes, forment un groupe de plantes aujourd'hui inconnues. Elles ont pour caractères une texture molle, une tige profondément cannelée, et, entre les cannelures, des séries linéaires de cicatrices qui indiquent la place occupée par les feuilles, d'où leur nom *sigillum* (sceau).

Les sigillaires, dont on trouve les troncs en abondance, ont parfois près de un mètre de diamètre, et leur hauteur pouvait dépasser vingt mètres. Les *stigmaria*, pris longtemps pour une espèce particulière, ne sont que les racines des sigillaires. D'autres arbres de cette famille paraissent cuirassés du haut en bas de boucliers hexagonaux qui portent les traces des feuilles. Quant à la nature et à la forme de ces feuilles, on en est réduit à des conjectures.

La flore si luxuriante de l'époque carbonifère était composée d'un très-petit nombre de genres, et si l'on remarque que, durant cette immense période, diverses espèces se sont succédées, on peut admettre que jamais plus d'une centaine d'espèces n'ont végété à la fois.

Il existe peu de débris animaux dans l'étage houiller. On y rencontre seulement quelques mollusques, des trilobites, des débris de poissons, dont quelques-uns d'eau douce.

Les conditions nécessaires à l'existence permanente des eaux douces, c'est-à-dire l'abaissement de la température et la purification de l'atmosphère paraissent ne s'être réalisées définitivement qu'à cette époque; ce n'est, en effet, que dans les terrains carbonifères que l'on observe avec certitude, et sur une grande échelle, des preuves que les eaux sont

devenues douces, de saumâtres qu'elles étaient;
les mollusques et les poissons fossiles ne laissant
aucun doute à cet égard. Quelques animaux respi-
rant l'air en nature, des reptiles, des mollusques,
des insectes terrestres, tous encore en bien petit
nombre, il est vrai, prouvent une adaptation des
fonctions physiologiques auparavant impossible.

Les dépôts houillers affectent en général une disposition en petits bassins isolés. Le nombre des
couches de houille dans le même bassin est très-
variable; on en compte quatre-vingt-cinq dans le
bassin de Liége. Quant à leur épaisseur, la moyenne
ne dépasse guère un mètre; cependant, sur quelques points, elles atteignent quatre à cinq mètres de

Fig. 40. — Plissement des couches de houille.

puissance et même jusqu'à vingt-cinq mètres dans
certains renflements.

Par suite des nombreuses dislocations qu'elles ont
éprouvées, les couches de houille présentent souvent des failles, et se montrent contournées, repliées sur elles-mêmes, de manière à former de véritables zigzags; en sorte qu'un puits vertical peut
traverser plusieurs fois la même couche. C'est ce
que l'on voit dans les terrains houillers de Mons et
d'Anzin; ces failles ou crevasses, remplies plus tard
de matériaux étrangers, interrompent les couches
qu'il est parfois très-difficile au mineur de retrouver, non-seulement parce qu'il faut traverser cette
espèce de muraille, souvent fort épaisse, mais parce

Fig. 11. — Une explosion de grisou.

que des affaissements partiels, des plissements du
terrain sous jacent, ont donné aux couches de houille
dans beaucoup de cas, une direction tout à fait nouvelle. Indépendamment des failles, qui, pour n'a-
voir pas toujours été bien comprises, ont ruiné
souvent les exploitations les mieux combinées, le
mineur a encore à combattre deux ennemis mortels:
le feu et l'eau. Souvent les eaux, rassemblées dans
des réservoirs souterrains dont la sape a crevé les
parois, font irruption dans les galeries et en rui-
nent les travaux. D'autrefois, le gaz hydrogène carboné, le *grisou*, s'insinuant à travers les fissures de
la houille, asphyxie les mineurs, ou, venant à s'enflammer, produit des explosions qui, ébranlant les
voûtes de ces demeures souterraines, écrasent sous
une grêle de rochers les malheureux qu'a épargnés
la flamme.

L'Angleterre et la Belgique sont les pays les plus
riches en houillères. Il est même probable que les
gisements de houille de ces deux pays ne formaient
qu'un seul et même dépôt, coupé en deux par les
dislocations postérieures qui ont séparé l'Angleterre
du continent, et tout porte à croire que les houillères belges qui, en France, jettent des rameaux
vers Anzin et Valenciennes, passent sous la
Manche pour aller se rattacher aux houillères an-
glaises.

Il n'y a pas de pays où l'exploitation des mines
de houille ait acquis plus d'importance qu'en Angleterre, et c'est à ce précieux combustible que ce
pays doit en grande partie sa prépondérance indus-
trielle. Par une heureuse prodigalité de la nature,
le fer y est abondamment mêlé au charbon, et ce
minerai est tellement répandu sur certains points,
qu'il alimente la plus grande partie des riches
et nombreuses usines à fer de la Grande-Bre-
tagne.

« En fournissant à nos besoins journaliers, dit
l'illustre Buckland, la houille et le fer, par leurs
usages importants, donnent à chacun de nous,
presque à chaque instant de notre vie, et en quelque
sorte à l'insu de tous, un intérêt personnel dans
les événements géologiques de ces temps reculés.
Les arbres des forêts primitives n'ont pas, comme
les arbres modernes, entièrement péri en rendant

leurs éléments à l'atmosphère et au sol, qui les
avaient nourris ; mais, entassés dans des magasins
souterrains, ils ont été transformés en couches de
houille capable de résister à l'action du temps, et
sont devenus pour l'homme, dans ces derniers âges,
les sources de la chaleur, de la lumière, de la santé
et d'une foule d'applications industrielles. La substance qui brûle maintenant dans mon foyer, le gaz
au moyen duquel ma lampe m'éclaire, proviennent
l'un et l'autre du charbon qui a été enseveli pendant des espaces de temps incalculables dans les
obscures et profondes retraites de la Terre. Nous
préparons notre nourriture, nous alimentons nos
forges et nos fourneaux, nous entretenons la puissance de nos machines à vapeur avec les débris de
ces antiques végétaux dont les espèces avaient disparu de la surface du globe, avant que la formation
des terrains de transition fût complétement terminée. Nos instruments de coutellerie, les outils de
nos mécaniques, les machines sans nombre que
nous construisons au moyen des applications si
variées du fer, proviennent d'un minéral, pour la
plupart du temps du même âge, ou même plus ancien que la matière à l'aide de laquelle nous le ré-
duisons à l'état métallique, et le faisons servir à des
usages si nombreux dans l'économie de la vie humaine. Ainsi, des ruines de ces forêts qui se balan-
çaient à la surface des terres primitives, du limon
ferrugineux qui se déposait au fond des eaux des
premiers âges, nous tirons aujourd'hui nos principales fournitures de charbon et de fer, ces deux
éléments fondamentaux des arts et de l'industrie,
qui, bien plus que toute autre production minérale,
contribuent à augmenter les richesses, à multiplier
les commodités de la vie, et à rendre meilleure la
condition de notre espèce. »

Le territoire de la France, quoique moins bien
traité sous ce rapport que celui de l'Angleterre, est
cependant assez riche en gisements houillers. Ses
bassins les plus remarquables sont ceux de Saint-
Étienne et de Rive de Gier (Loire), ceux de l'Aveyron, d'Alais dans le Gard, du Creuzot et d'Autun
(Saône-et-Loire) d'Anzin (Nord) etc.

Avec le terrain carbonifère se termine la période
dite de transition.

# CHAPITRE XII



## PÉRIODE SECONDAIRE. — TERRAINS PERMIEN ET TRIASIQUE

La période secondaire comprend les terrains permien, triasique, jurassique et crétacé. Elle se compose d'une longue série de couches, plus ou moins puissantes, de grès, de calcaires et d'argiles, avec les modifications les plus variées dans la couleur, la dureté, la structure ou la composition minéralogique.

Pendant l'époque carbonifère, les phénomènes ignés durent être moins fréquents, puisqu'on voit les dépôts houillers se former tranquillement sur des étendues et une épaisseur parfois considérables, mais il n'en fut pas de même ensuite. Ce repos momentané fut interrompu, sinon partout, au moins sur beaucoup de points où l'on trouve les couches carbonifères brisées, disloquées, plissées et complétement discordantes avec les sédiments qui les ont recouvertes. Ceux-ci se distinguent des précédents par plusieurs caractères importants ; et nous voyons se modifier en même temps que la constitution du globe, les actions sinon les causes qui les produisent.

Nous avons vu, jusqu'ici, des épanchements de matière en fusion accompagner tous les soulèvements et modifier profondément les terrains.

A partir de l'époque permienne, qui commence

la période secondaire, ces grandes perturbations, ces éruptions de matière ignée, de feu liquide, deviennent de moins en moins fréquentes, bien qu'elles ne cessent pas complétement, puisqu'aujourd'hui encore elles se manifestent par les éruptions de nos volcans; elles se produisent plus régulièrement en quelque sorte, et sur une immense étendue, mais comme de simples accidents locaux et dont l'influence devient de plus en plus circonscrite.

La Terre, qui s'épaissit chaque jour, en dedans par la cristallisation de la matière ignée, à la surface par les dépôts sédimentaires, offre une plus grande résistance à l'action intestine du fluide igné; mais ses effets gagnent en violence ce qu'ils ont perdu en fréquence et les efforts de la matière en fusion contre les parois plus solides de la croûte terrestre engendreront les soulèvements et les affaissements prodigieux qui ont donné naissance à ses chaînes de montagnes et à ses vallées. Les roches d'épanchement, telles que les granits et les porphyres, qui ont relevé et disloqué les couches inférieures, seront peu à peu remplacées par d'autres roches de couleur verte ou noire, que les géologues ont nommées serpentines et mélaphyres.

Le *terrain permien*, ainsi nommé parce qu'il est très-développé dans la province de Perm, au pied de l'Oural, en Russie, est peu répandu, surtout en France, où il ne se montre que dans quelques vallées de l'Aveyron et des Vosges.

Pendant la période de calme qui succéda au soulèvement du terrain carbonifère, se déposèrent au fond des eaux des grès rouges, des schistes très-riches en minerais de cuivre, des calcaires entremélés de marnes et de gypse. On y rencontre encore quelques couches de houille disséminées sur certains points; mais elle est sèche et fibreuse et se rapproche du lignite par ses caractères.

Les grès, les argiles et les conglomérats de cette époque proviennent de l'altération et de la désagrégation des roches préexistantes par les actions combinées de l'atmosphère et des eaux de la mer, les calcaires ont été formés en partie par le carbonate de chaux provenant des parties solides des animaux marins, comme ceux des îles de polypiers

de nos jours. Certains lits du terrain permien sont
remplis de poissons et c'est, sans aucun doute, à la
décomposition de ces animaux qu'est dû le bitume
dont sont imprégnés les schistes de cette époque.

La partie supérieure du terrain permien est formée par des grès quartzeux à gros grains, colorés
le plus souvent en rouge par de l'oxide de fer. Toute
la partie septentrionale des Vosges est formée de ce
grès, qui y présente, sur certains points, une puissance de plus de 150 mètres. C'est ce qui a fait donner

Fig. 42. — Zamia.

à cet étage le nom de *grès Vosgien*. Cette roche ne
contient presque jamais de corps organisés. Dans
les Andes, cet étage atteint sur certains points jusqu'à 1200 mètres de puissance.

La riche végétation de l'époque carbonifère dis-
paraît avec elle, non pas toutefois complétement.
Quelques essences passent d'une époque à l'autre,
comme pour ménager la transition; des fougères,
des équisétacées, des cycadées, existent dans le terrain permien, qui possède en outre quelques es-

pèces nouvelles, telles que des zamia, des walchia, des cycas, que nous verrons se multiplier considérablement dans les formations suivantes.

Une aussi puissante végétation que celle qui donna naissance à la formation de la houille, dut nécessairement enlever à l'atmosphère une énorme quantité d'acide carbonique et lui fournir en échange une certaine quantité d'oxigène. L'air plus pur, plus oxigéné, put donc entretenir la vie d'animaux plus parfaits; des êtres d'une organisation plus complexe pouvaient désormais respirer ; c'est alors qu'apparurent ces énormes reptiles aux formes si bizarres et si variées, ces tortues géantes, en compagnie d'une plus grande variété de poissons, de mollusques et de zoophytes, tandis que les races précédentes disparaissaient en laissant leurs débris dans les couches subjacentes. Tout prouve donc que ces êtres organisés subissaient, avec le temps, l'influence des modifications incessantes qui se manifestaient dans la température, la pression et la composition de l'atmosphère; et qu'en conséquence des familles entières s'éteignaient au fur et à mesure que leur organisation n'était plus en rapport avec les circonstances nouvelles ; admirable plan du Créateur, qui, en couvrant la surface du globe d'êtres divers, semble avoir multiplié d'abord ceux dont les organes étaient en harmonie avec le milieu dans lequel ils devaient vivre, tandis que d'autres êtres plus complexes ne trouvaient point encore tous les éléments nécessaires à leur existence.

Quoique relativement pauvre en débris animaux et végétaux, le terrain permien contient des fossiles très-remarquables. Pour la première fois se montrent d'énormes reptiles sauriens amphibies, qui se rapprochent des monitors actuels; protosaurus, palœosaurus, meiosaurus.

Le mouvement de dislocation qui a mis au jour les couches du terrain permien, paraît avoir été de peu d'importance et de courte durée; cependant, le plan de stratification, différent des couches suivantes, prouve suffisamment qu'elles appartiennent à une formation distincte.

Les dépôts qui se formèrent au dessus du terrain permien sont au nombre de trois, ce qui a fait donner à leur ensemble le nom de *trias* ou de *terrains triasiques* ; ce sont : les grès bigarrés qui en forment l'étage inférieur, le calcaire conchylien ou muschelkalk, qui se trouve au milieu, et les marnes irisées ou étage keuprique qui recouvrent le précédent. Ces trois étages ne se rencontrent jamais l'un sans l'autre.

Fig. 43. — Rameau de *fougère* du genre *neuropteris*.

Les grès bigarrés, qui se présentent d'abord, sont à grains plus ou moins fins, de couleurs variées, ordinairement gris clair ou jaunâtres, rayés de

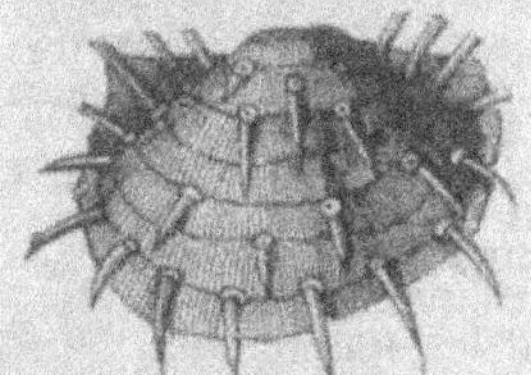

Fig. 44. — Productus horridus.     Fig. 45. — Dent de requin fossile.

bandes rouges, roses ou bleues d'un effet quelquefois assez agréable. Ces grès bigarrés que l'on retrouve dans toutes les parties du monde, contiennent beaucoup de végétaux ; ce sont des fougères arborescentes, de genres différents de ceux de l'époque carbonifère, et aujourd'hui éteints (*nevropteris*, *pecopteris*),* des calamites, des cycadées au feuillage élégamment découpé et ayant le port des palmiers, des zamias aux longues feuilles hérissées d'épines acérées, des conifères ressemblant aux ifs et aux thuyas; des prèles et des lycopodes existent encore, mais leur taille s'amoindrit de plus en plus.

Des mollusques, des crustacés, des polypiers, des poissons et des reptiles sauriens y ont laissé leurs débris ou leurs empreintes. Dans les mers, vivaient de monstrueux requins, dont les dents, disséminées dans les couches marines, ont de 8 à 12 centimètres de longueur; elles sont plates, en forme de feuille de laurier, pointues, finement dentelées sur les bords, tranchantes comme la lame d'un rasoir, et annoncent un animal gigantesque et terrible. D'énormes raies qui vivaient également à cette époque leur servaient sans doute de proie, et la dure cuirasse des poissons ganoïdes ne devait pas suffire à les préserver de la dent de tels monstres.

Parmi les reptiles sauriens, plusieurs offrent des caractères jusqu'alors inconnus dans cette classe, l'un d'eux le *dicinodon* avait la mâchoire supérieure garnie de deux longues défenses pointues, recourbées en dessous comme celles des morses, et la mâchoire inférieure, dépourvue de dents, était, comme dans les tortues, enfermée dans un étui corné tranchant. Un autre, le *galeosaurus*, pourvu de dents aux deux mâchoires, avait les trois sortes de dents comme les mammifères, tandis qu'un troisième, l'*oudenodon*, était complétement privé de dents. Ces reptiles ressemblaient par la forme générale aux crocodiles dont ils avaient la taille.

Il semble aussi que ce soit à cette époque qu'il faille rapporter l'apparition des premiers oiseaux. On a en effet découvert dans les grès bigarrés des Etats-Unis (Connecticut), qui paraissent avoir été jadis une vase sablonneuse, des empreintes nombreuses de pas d'oiseaux. Mais quels oiseaux!

L'une de ces empreintes n'a pas moins de soixante centimètres de longueur et la profondeur comme l'espacement de deux pas successifs, qui atteint parfois deux mètres, dénote un animal qui devait avoir quatre mètres de hauteur, c'est-à-dire deux fois la taille de l'autruche. S'il existait déjà des oiseaux à cette époque, ce ne pouvait être que des palmipèdes ou des échassiers habitants les eaux et les rivages et vivant de pêche ou de chasse.

Les oiseaux chanteurs, les granivores, ne pouvaient exister, puisque les végétaux ne produisaient encore aucune graine, aucun fruit, propres à nourrir les habitants de l'air.

Les grès bigarrés de la Saxe ont également offert des empreintes de pas appartenant à un animal étrange dont on a longtemps ignoré la nature. Ces empreintes dénotent un quadrupède; celles des pieds de devant petites et légères, celles des pieds de derrière beaucoup plus grandes et très-profondes, indiquent que l'animal marchait en portant son corps sur le train de derrière. Ces impressions ressemblent à celles d'une main dont le pouce était re-

Fig. 46. — Labyrinthodon.

courbé en arrière. Les plus grandes empreintes, celles des pieds de derrière ont jusqu'à 28 centim. et sont éloignées de 60 cent. de celles des pieds de devant; ce qui indique un animal énorme. Le célèbre naturaliste anglais Owen y vit les traces d'un batracien gigantesque et, plus tard, la découverte de quelques ossements justifia pleinement ses prévisions. Il en résulte que cet animal, auquel il donna le nom de *Labyrinthodon*, à cause de la singulière structure de ses dents, composées de lamelles contournées en méandres tortueux, n'était autre qu'un crapaud monstrueux égalant en grosseur la taille d'un bœuf. Ce reptile, effrayant par sa grosseur, avait de fortes mâchoires armées de dents nombreuses et très-aiguës, et s'il avait la même voracité que montrent aujourd'hui ses congénères ce devait être un animal terrible.

Dans ces mêmes grès bigarrés, au Nord de l'Ecosse, on a trouvé des traces nombreuses de pas de tortues terrestres. Ces traces, déterminées par l'éminent géologue anglais Buckland, lui ont inspiré des réflexions que le lecteur nous saura sans doute gré de lui faire connaître.

« Que l'historien ou l'antiquaire aille visiter les champs où se sont livrées les batailles des temps anciens ou des temps modernes; qu'il suive pas à pas la marche triomphante de ces conquérants dont les armées ont écrasé les plus puissants empires du monde; le vent et la tempête ont effacé le sillon éphémère qu'y avait creusé leur passage. De tant de millions d'hommes et d'animaux dont les envahissements ont répandu la ruine et la désolation sur la terre il ne reste pas même la trace d'un seul pied. Mais les reptiles qui rampaient à la surface de notre planète encore dans l'enfance, ont laissé de leur passage d'ineffaçables souvenirs. Aucune histoire n'a enregistré leur naissance ni leur destruction. Leurs os même ne se trouvent plus parmi les débris fossiles qui nous sont restés de l'ancien monde. Des millions d'années peut-être séparent l'époque où ces traces ont été laissées par le pied des tortues sur les sables de l'Ecosse leur patrie; et le jour où de nouveau rendues à la lumière, elles viennent s'offrir à notre curiosité et à notre admiration, elles nous apparaissent gravées sur le roc aussi distinctes que la trace de l'animal qui vient de passer sur la neige récente; elles sont là comme une moquerie jetée aux potentats les plus puissants des sociétés humaines, et comme pour nous apprendre combien sont peu de chose des milliers de siècles auprès de l'Eternité. »

L'étage du grès bigarré est surtout développé dans les Vosges en Lorraine, en Alsace, où il atteint une puissance moyenne de 150 mètres; on le rencontre encore en Angleterre, en Allemagne, en Russie et en Amérique. La cathédrale de Strasbourg est bâtie avec ces grès bigarrés dont sont construites également presque toutes les villes des bords du Rhin.

L'étage du calcaire conchylien ou muschelkalk,

qui repose sur les grès bigarrés, consiste en couches d'un calcaire compacte gris, bleuâtre ou noirâtre, contenant des rognons de silex ; il alterne avec des marnes et des argiles. Cet étage est très-riche en débris fossiles et surtout en coquillages, ce qui lui a fait donner son nom. On y rencontre des espèces d'huîtres, de peignes et de térébratules en quantité considérable ; puis des cératites, des ammonites, des encrines. Les trilobites si nombreux aux époques précédentes ont disparu.

L'étage du calcaire conchylien est très-développé en Alsace et dans le Var, ainsi que dans le Grand-Duché de Bade et le Wurtemberg.

L'étage des marnes irisées, qui recouvre le calcaire conchylien, se compose d'une multitude de petites couches argileuses et marneuses colorées irrégulièrement en rouge, en jaune verdâtre ou bleuâtre, alternant avec des grès quartzeux friables diversement colorés. De la houille maigre, du gypse, de riches minerais de fer, de cuivre, et surtout du sel gemme y sont disséminés.

Le gypse ou pierre à plâtre est un sulfate de chaux ; il provient probablement de l'action de vapeurs sulfureuses souterraines, telles que celles qui se dégagent actuellement des solfatares et des cratères des volcans.

Quant au sel gemme, il paraît dû au déplacement des eaux.

On comprend que dans ces convulsions de la nature, dont nous pouvons constater les traces, des eaux salées répandues sur les continents aient pu trouver accès dans de grandes cavités, et que retenues dans ces dépressions isolées elles y aient subi une évaporation plus ou moins prolongée, activée peut-être par quelque influence plutonique, en sorte qu'il en serait résulté des masses plus ou moins pures de sel gemme.

Dans le Wurtemberg comme en France, où le sel gemme constitue une des richesses du sol, cette substance alterne en couches de 7 à 10 mètres avec des couches d'argile. Ces diverses couches réunies présentent ensemble sur quelques points une puissance d'environ 150 mètres, ce qui a lieu par exemple à Vic et à Dieuze, dans la Meurthe.

Les marnes irisées contiennent, comme les grès

bigarrés, un assez grand nombre de végétaux, des fougères, des calamites, des cycadées, des conifères ; mais les mollusques et les autres animaux y sont beaucoup moins nombreux.

Lorsque les couches du trias furent complétement formées elles furent soulevées à leur tour et parurent sur divers points au dessus des eaux. C'est à ce soulèvement que sont dues les collines ou falaises des bords du Rhin et celles du Morvan.

# CHAPITRE XIII



A l'époque où nous sommes arrivés, quatre grandes terres existaient sur l'emplacement actuel de l'Europe, indépendamment d'îles nombreuses, mais peu importantes. La Bretagne s'étendait à l'ouest et comprenait une partie de l'Angleterre et de l'Irlande; au nord s'élevait la presqu'île Scandinave; à l'est, tout le terrain qui s'étend depuis Dunkerque jusqu'à Leipsick; enfin, au sud, ce qu'on nomme aujourd'hui le plateau central de la France, autrement dit l'Auvergne et une partie des départements adjacents. Les terrains sur lesquels s'élèvent aujourd'hui les capitales du monde civilisé, Paris, Londres, Berlin, Vienne, Rome, Madrid, étaient encore au fond des eaux. Les Alpes et les Pyrénées n'étaient pas encore sorties de l'abîme; les Vosges et le Cantal étaient les seules montagnes de la partie du monde antédiluvien, outre les collines de la Bretagne, de la Vendée et du Rhin. Cet état de choses dura longtemps, si nous en jugeons par la puissance des formations auxquelles donnèrent naissance les sédiments nouveaux déposés par les eaux.

Jusqu'à présent, la flore et la faune possibles, et surtout celles du terrain houiller, dénotent partout le même climat tropical; on voit les mêmes espèces se développer aussi abondamment et avec autant de puissance dans les contrées septentrionales de

6

l'Allemagne ou de l'Écosse, que dans l'Amérique du Sud. Il en est tout autrement à l'époque où nous sommes arrivés ; les plantes et les animaux commencent à varier selon les différentes contrées. On ne peut expliquer ce fait qu'en admettant des variétés de climat; et il devait en être ainsi du moment où l'atmosphère, en grande partie libérée de ses vapeurs d'eaux et de son acide carbonique, avait acquis plus de transparence et permis l'action du Soleil sur la surface terrestre qui, dès lors, pouvait se refroidir plus rapidement par son rayonnement dans l'espace. Ce refroidissement devait s'accomplir d'autant plus promptement dans les contrées qui ne reçoivent qu'obliquement les rayons du Soleil, ou qui en sont privées pendant six mois de l'année, comme les régions polaires.

Cependant, la Terre tout entière avait encore, à cette époque, une température très-élevée, et pouvait produire sur toute sa surface des plantes et des animaux qui, aujourd'hui, ne sauraient exister dans les contrées où se fait sentir le froid de l'hiver. Ce n'est que dans la suite des siècles, que les régions polaires perdront, peu à peu par le rayonnement de la terre dans l'espace, leur chaleur propre, au point de n'avoir plus, comme aujourd'hui, que celle qui résulte de l'action du Soleil; mais dès l'époque où nous sommes arrivés, on voit les animaux et les plantes des tropiques disparaître peu à peu des régions polaires, et dès à présent l'on commence à remarquer, selon les climats, certaines différences, moins tranchées sans doute qu'elles ne le sont aujourd'hui, mais telles néanmoins qu'une observation attentive en démontre l'existence.

Les couches sédimentaires qui succèdent au trias sont des grès et des calcaires, à l'ensemble desquels on a donné le nom de *terrain jurassique*, parce que les montagnes du Jura en sont principalement formées, et l'on a divisé cette formation en deux étages : celui du *Lias* et l'étage *Oolitique*.

Le lias, qui constitue la base du terrain jurassique, est composé de couches arénacées, et surtout de ce grès quartzeux blanchâtre ou jaunâtre qui sert de pierres à bâtir. Au dessus sont des calcaires compactes bleuâtres, grisâtres ou jaunâtres, souvent remplis de coquilles, parmi lesquels dominent la

*Gryphée arquée*, des bélemnites, des ammonites, des
nautiles, des trigonies, des huîtres, des peignes,
des térébratules, etc.,
de nombreux polypiers,
des encrines, des pois-
sons ganoïdes qui, tous,
appartiennent a des
genres éteints et surtout
des reptiles qui, par leur
nombre, leur grosseur
et leur structure extra-
ordinaire forment le
trait le plus caractéris-
tique des débris orga-
niques du lias.

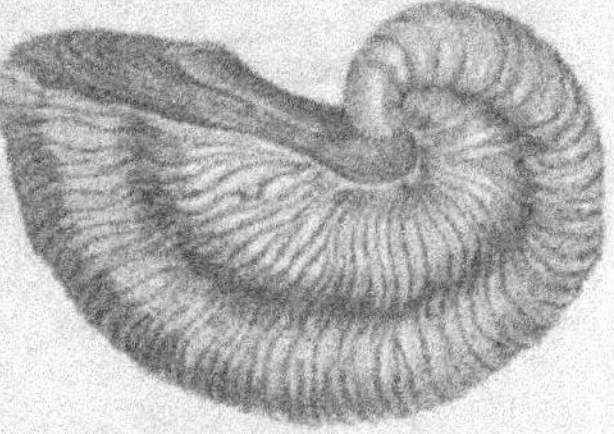

Fig. 47. — Gryphée arquée.

Les ammonites, qui se montrent dès les terrains
de transition et traversent toutes les formations
géologiques, jusqu'à la craie inclusivement, sont
surtout abondantes en espèces dans les couches du
lias. Toutes diffèrent suivant l'ancienneté des terrains dans lesquels on les trouve ; toutes varient
beaucoup pour la forme et encore plus pour la gran-

Fig. 48. — Ammonite.

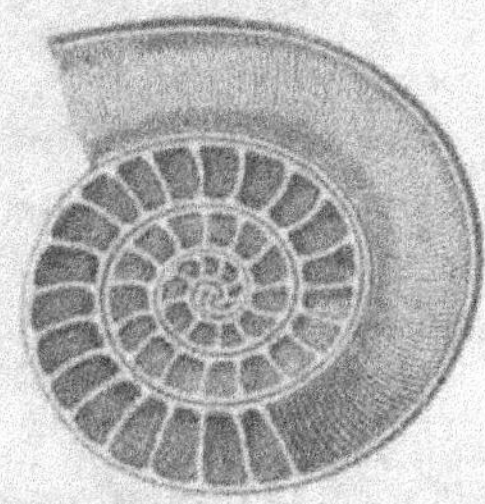

Fig. 49. — Coupe d'ammonite.

deur. Les unes offrent à peine la grosseur d'une
lentille, d'autres ont, au contraire, plus de quatre
mètres de circonférence.

Comme le nautile, — le seul genre de cette famille
qui ait survécu, — l'ammonite est composée de trois
parties essentielles : 1° d'une coquille extérieure,
ordinairement discoïde ornée à sa surface de côtes

qui en augmentent la solidité; 2° d'une série de
chambres à air pratiquées dans l'intérieur, et formées par des cloisons transversales qui divisent
l'intérieur de la coquille; 3° d'un siphon ou tuyau
qui commence au fond de la chambre extérieure,
et de là se continue à travers les chambres à air jusqu'à l'extrémité la plus intérieure de la coquille.

Cette coquille, comme celle du nautile, remplis-
sait le double but de protéger le corps de l'animal,
et de lui permettre de s'élever à la surface et de descendre au fond des eaux. De même que celui du
nautile, l'animal de l'ammonite était logé dans la
chambre la plus extérieure. A mesure qu'il
s'accroissait, il laissait derrière lui des espaces
qui devenaient successivement autant de chambres

Fig. 50. — Bélemnite restaurée.

à air destinées à augmenter le pouvoir du flotteur.
Ce flotteur dont l'action était réglée par le siphon,
formait un instrument hydraulique d'une extrême
délicatesse, au moyen duquel l'ammonite pouvait,
comme nous l'avons déjà dit, monter tantôt à la
surface des vagues et tantôt opérer le mouvement
contraire.

Les bélemnites (de *Belemnon*, flèche,) sont des
coquilles intérieures appartenant à des mollusques
céphalopodes très-rapprochés des calmars actuels;
leur nom vient de ce que leur coquille intérieure
cloisonnée et traversée par un siphon est enveloppée
d'un étui fibreux conique ressemblant à la pointe
de fer d'une flèche. On trouve parfois avec les bélemnites des sacs à encre qui ont 30 centimètres de lon-

gueur, preuve évidente que les animaux dont ils
proviennent atteignaient une taille assez considérable. En outre, comme les céphalopodes nus sont les
seuls qui, jusqu'à ce jour, aient présenté de pareils
réservoirs, on peut en conclure que le corps des
bélemnites n'était point protégé par une coquille
externe.

On a également découvert dans le lias des réservoirs à encre associés à des lames cornées en forme
de plume, qui ont incontestablement appartenu à
des calmars fossiles. Ces réservoirs sont encore dis-
tendus comme s'ils faisaient partie de l'organisation
d'un corps vivant et l'encre qu'ils renferment, quoique considérablement durcie, n'a pourtant rien
perdu de ses qualités premières ; broyée sous la
meule, elle peut être employée aux mêmes usages
que la sépia de nos peintres modernes, comme

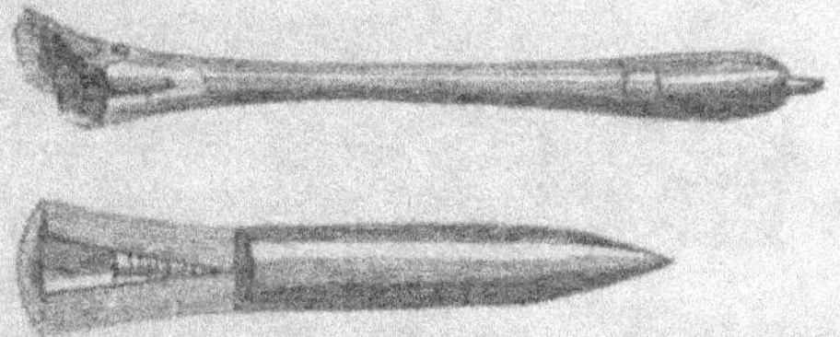

Fig. 51 et 52. — Os de bélemnites.

le docteur Buckland l'a prouvé en représentant les
restes du calmar avec l'encre fossile de ce céphalo-
pode [1].

En fait de poissons ce sont principalement des
débris de squales que l'on rencontre ; on
trouve à l'état fossile des dents, des nageoires
et d'autres débris qui permettent de juger des dimensions considérables de quelques-uns, et la
quantité de ces débris fait comprendre combien
ils étaient nombreux. Mais, à cette époque, les
plus singuliers et les plus terribles habitants de la
terre et des eaux étaient des reptiles de formes
très-variées, et d'une taille souvent gigantesque.
Dans ces temps reculés, ni les mammifères car-

[1] Voyez pour l'organisation des céphalopodes et des calmars,
les *Secrets de la plage.*

6.

nassiers ni l'homme n'avaient encore paru sur le globe ; les reptiles y régnaient en maîtres. Nous les voyons pendant des milliers de siècles dominer dans la création et l'on peut donner à cet âge le nom de règne des reptiles. Tous ces êtres effrayants sont aujourd'hui disparus, et cette antique famille, dont le nom seul éveille en nous un sentiment d'horreur, n'est aujourd'hui représentée que par des genres comparativement très-peu nombreux.

Parmi les plus puissants de ces reptiles antédiluviens figurent les *Ichthyosaures* ou poissons-lézards, ainsi nommés de la ressemblance imparfaite de leurs vertèbres avec celle des poissons.

Ces antiques sauriens, dont la taille atteignait quelquefois plus de sept mètres, présentaient dans leur organisation des particularités maintenant

Fig. 53. — Ichthyosaure.

départies aux diverses classes et aux diverses ordres d'animaux, mais qu'on ne trouve plus réunies dans un seul et même genre. Ainsi, ils avaient tout à la fois, le museau d'un marsouin, les dents d'un crocodile, la tête d'un lézard, les vertèbres d'un poisson et les nageoires d'une baleine. Leur corps monstrueux se terminait par une queue longue et d'une force prodigieuse.

La tête avait chez certaines espèces, plus de deux mètres de longueur. Leurs yeux énormes étaient entourés d'une série de pièces osseuses analogues à celles qui entourent les yeux de plusieurs oiseaux. Par leur rétraction ces pièces osseuses augmentaient la convexité de la partie antérieure de l'œil et le transformaient en microscope ; en reprenant leur position naturelle, elles en faisaient un télescope.

Ce curieux instrument d'optique permettait à
l'ichthyosaure de découvrir sa proie de loin comme
de près, dans l'obscurité de la nuit et dans les abîmes de la mer; telle est au moins l'opinion de deux
savants illustres, Buckland et Cuvier. Les mâchoires
de certaines espèces d'ichthyosaures — car il en existait plusieurs — étaient armées de 180 dents coniques. Les vertèbres de ces animaux, au nombre de
plus de cent, étaient creuses comme celles des poissons, structure admirablement adaptée aux mouvements que ces animaux devaient exécuter dans
le milieu qu'ils habitaient; leurs côtes, nombreuses,
minces, longues, très-arquées, annoncent que la
cavité pectorale était fort vaste; structure qui permettait probablement à l'animal d'introduire dans
sa poitrine une grande quantité d'air, et de plonger

Fig. 51. — Coprolithe d'Ichthyosaure.

longtemps sans venir respirer à la surface des
eaux. Les membres antérieures ressemblaient à
ceux de la baleine et occupaient à peu près la même
place; mais outre ces rames élastiques et puissantes,
les ichthyosaures en avaient deux autres plus petites, placées à la partie postérieure du corps ; ces
dernières manquent chez les cétacés où elles sont
remplacées par une queue plate et horizontale destinée aux mêmes usages.

Non-seulement les géologues sont parvenus à
reconstruire de toutes pièces ces reptiles singuliers,
mais ils sont encore parvenus à déterminer leur
genre de nourriture, les dimensions, la forme et la
structure de leur estomac et de leurs intestins. On
trouve en effet à l'état fossile les excréments pétrifiés
de ces animaux; ces *coprolithes*, comme on les appelle, contiennent assez fréquemment les restes à

moitié digérés des poissons et des reptiles dont les
ichthyosaures faisaient leur nourriture. En outre
l'état d'enroulement de ces coprolithes nous apprend
que leurs intestins, comme ceux des chiens de mer
et des raies, étaient disposés en spirale.

Fig. 55. — Plésiosaure.

L'ichthyosaure, conformé pour nager, devait
vivre dans des mers peu profondes ; il respirait l'air
en nature, et l'analogie voulait qu'il vînt déposer ses
œufs sur le sable du rivage, pour les faire éclore à

Fig. 56. — Mégalosaure.

la chaleur du soleil, comme font tous les sauriens.
Eh bien, il n'en était pas ainsi, comme est venue le
prouver une découverte singulière. On a en effet,
trouvé dans le lias du Sommerset, le squelette com-

plet d'un ichthyosaure femelle, dans le bassin duquel était couché, la tête tournée du côté de la queue de l'animal-mère, le squelette d'un autre animal de même espèce en miniature, comme si, surprise par quelque cataclysme au moment de mettre bas, la mère avait été foudroyée avec son produit. Les savants naturalistes Buckland et Owen qui ont examiné avec le plus grand soin cette remarquable trouvaille sont convaincus qu'il en est ainsi.

Si l'on considère que les requins, qui ont aussi le gros intestin contourné en spirale, sont vivipares; que quelques reptiles, les vipères entre autres et les salamandres sont également vivipares, on s'étonnera moins que cette qualité fût inhérente à l'ordre des ichthyosauriens.

Si l'ichthyosaure est un animal curieux, le *plésiosaure* l'est encore davantage; les formes de ce monstre sont même tellement fantastiques qu'on le prendrait pour le produit d'une imagination en délire, si l'on ne trouvait assez fréquemment son squelette fossile presque entier dans plusieurs contrées de l'Europe et même en France. Ce sont, dit Cuvier, ceux de tous les reptiles et peut-être de tous les animaux fossiles qui ressemblent le moins à tout ce que l'on connaît. Il avait une tête de serpent, armée de dents puissantes et crochues et supportée par un cou d'une longueur prodigieuse. Son corps, plutôt court, cylindrique et arrondi, était peut être couvert d'écailles. Au point de jonction du cou et du tronc, une forte charpente osseuse supportait les nageoires, semblables à celles de l'ichthyosaure, mais plus longues et plus élancées; les nageoires postérieures, pareilles aux antérieures, sont placées tout près de l'extrémité du tronc. La queue, de la longueur du tronc, était arrondie. On pourrait comparer cet étrange animal à un énorme serpent caché dans la carapace d'une tortue. Quelques espèces atteignaient de neuf à dix mètres de longueur. Le plésiosaure devait nager vigoureusement. La tête, qu'il portait très-haut, embrassait de ses grands yeux un vaste horizon, et si les nageoires ne l'amenaient pas d'un seul bond sur sa proie, il pouvait y suppléer en lançant en avant, grâce à la longueur du cou, sa gueule armée de crocs formidables.

Le *Mégalosaure* était un crocodile gigantesque de

quinze à seize mètres de long. Il vivait principalement sur les terres découvertes. Essentiellement
carnassier, il faisait sa proie des reptiles plus petits
que lui, crocodiles, tortues, etc.; peut-être même

Fig. 57. — Iguanodon.

poursuivait il dans l'eau les poissons et les plésiosaures.

Un reptile plus gigantesque encore était l'*Iguanodon*, ainsi nommé parce que ses dents présentent
de nombreuses analogies de structure avec celles
des modernes iguanes, dont il était très-voisin.

Fig. 58. — Téléosaure.

Comme ces derniers, il habitait la terre ferme ;
comme eux, il se nourrissait de substances végétales;
comme eux, enfin, il portait une pointe osseuse conique sur le milieu du nez. Mais, tandis que ler

iguanes ordinaires atteignent à peine un mètre et
demi, l'iguanodon avait vingt-quatre mètres du
bout du museau à l'extrémité de la queue, et son
corps avait cinq mètres de tour.

Le *Téléosaure* et le *Sténéosaure*, très-rapprochés
des crocodiles, fréquentaient les mers peu profondes,
et devaient probablement se nourrir de poissons.
Leur museau, comme celui des gavials du Gange,
était grêle, très-allongé et garni d'un très-grand
nombre de dents aiguës.

Mais, l'animal le plus singulier de cette époque
féconde en animaux extraordinaires est le *Ptérodac-*

Fig. 50. — Ptérodactyle.

*tyle*, dont les formes bizarres rappellent les fabuleux dragons de la mythologie ou les créations fantastiques du génie de Callot. Cet être hétéroclite
offre dans sa structure des anomalies en apparence si extraordinaires, qu'on le prît tour à tour
pour un oiseau, pour une chauve-souris, pour un
reptile volant; ce qui tient à l'existence simultanée
de certains caractères évidemment propres à chacune des grandes classes auxquelles on le rapportait.
La forme de sa tête et la longueur de son cou semblables à ceux des oiseaux ; ses ailes approchant
de celles des chauve-souris ; sa queue et son corps
analogues à ceux des mammifères; tous ces carac-

tères, joints à un crâne étroit comme celui des reptiles et à un bec garni de dents aiguës, présentaient une combinaison d'anomalies apparentes que le génie de Cuvier pouvait seul concilier. Entre ses mains, cette production de l'ancien monde, au premier coup d'œil si monstrueuse, s'est changée en un des plus beaux exemples qu'ait fournis l'anatomie comparée pour prouver l'harmonie qui a toujours régné dans la nature, lorsqu'il a fallu adapter les mêmes parties de la charpente animale aux conditions infiniment variées de l'existence.

Pour la forme extérieure, ces animaux avaient quelque ressemblance avec les chauve-souris ou les vampires actuels. La plupart d'entre eux — car il y en avait plusieurs espèces — avaient le museau allongé comme celui du crocodile et armé de dents coniques. Leurs yeux, d'une grosseur extraordinaire, leur donnaient probablement la faculté de voir pendant la nuit. De leurs ailes partaient des doigts terminés par des ongles puissants et crochus, au moyen desquels l'animal pouvait ou ramper ou grimper ou se suspendre aux arbres. Il est probable aussi que les ptérodactyles étaient doués de la faculté de nager, si commune chez les reptiles, et que possède aussi le chauve-souris vampire de l'Ile de Bonin. Il était donc capable d'habiter tous les éléments, volant dans l'air, fendant les ondes ou rampant à la surface de la terre, et, comme le Satan de Milton :

Va guéant ou nageant, court, gravit, vole ou rampe.

Il y avait plusieurs espèces de ptérodactyles, se distinguant par le plus ou moins de longueur de leur bec et de leur cou et par leur taille. Le plus grand était de la taille du vautour [1], d'autres avaient la grosseur d'un canard, d'autres celle d'une perdrix ou même d'une caille.

Parmi les fossiles de cette époque, on rencontre aussi des tortues marines d'une taille extraordinaire, se distinguant des tortues terrestres, dont nous avons également signalé la présence, par leur forme plus aplatie et par leurs pieds plus propres

[1] Nous verrons dans le terrain suivant, dans la craie, apparaître les restes d'une espèce de ptérodactyle gigantesque.

à la natation qu'à la marche. Comme elles ne peuvent faire rentrer ces membres dans leur carapace, il arrive souvent qu'on les trouve mutilées, sans doute par quelqu'un de ces voraces sauriens qui, ne pouvant dévorer la tortue tout entière, se contentait de lui emporter une patte.

L'étage *oolithique*, qui succède au lias, et dont la puissance atteint parfois jusqu'à 700 mètres, est caractérisé par la texture globulaire que présentent ses calcaires, dont on a comparé les grains à des œufs de poisson. Cet étage commence par des assises de calcaires jaunâtres ou rougeâtres chargés d'hydrate de fer. C'est à ces couches qu'appartiennent les minerais de fer en grains qu'on exploite sur divers points de la France. Au dessus viennent des

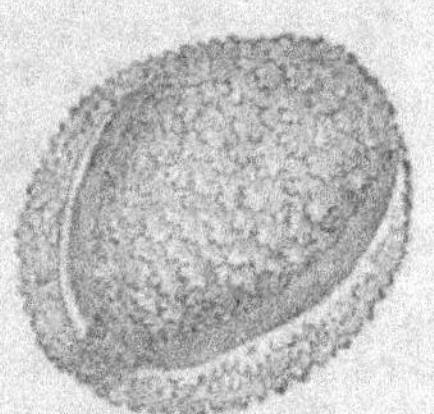

Polypiers jurassiques.

Fig. 60. — Cryptocœnia.          Fig. 61. — Montlivaltia.

alternances d'argile et de marnes bleuâtres ou jaunâtres, que les Anglais ont nommées *terres à foulon*, parce qu'elles servent à dégraisser les draps qui sortent des fabriques. Puis ce sont des calcaires oolithiques, des calcaires coquilliers, des marnes, tous plus ou moins riches en fossiles : bélemnites, ammonites huîtres, térébratules, trigonies, et une multitude de polypiers, souvent en quantité tellement considérable, qu'ils y forment des bancs continus de plusieurs mètres d'épaisseur, en conservant la position dans laquelle ils ont vécu au fond de la mer.

Les polypes ou animaux des coraux ont travaillé dans ces anciennes mers comme ils le font encore aujourd'hui sur beaucoup de rivages, principalement

7

sous les tropiques, à élever patiemment au fond des
abîmes, des récifs, des bancs calcaires, noyaux d'îles
futures et même de futurs continents. Les écueils
qu'on trouve en grand nombre dans l'Océan Pacifique
n'ont pas d'autre origine. L'étonnement est grand
lorsqu'on considère la petitesse de ces animaux au
corps mou et presque gélatineux, architectes de ces
roches solides que bat jour et nuit un océan sans
repos. D'après des observations récentes, ces polypiers, qui par un travail incessant élèvent ces masses
considérables de matières calcaires, ne peuvent
vivre qu'à de certaines profondeurs, s'établissent
sur des rochers à 20 ou 30 mètres environ au dessous des eaux et à partir de ce point ils accumulent
leurs produits jusqu'au niveau des mers. L'accroissement de ces dépôts se fait très-lentement; mais
pour ces ouvriers infatigables le temps n'est rien, et
comme leur secrétion est continue, il en résulte
toujours des bancs souvent considérables. On en
connaît de plusieurs centaines de lieues d'étendue; mais à aucune époque ils n'ont offert un
aussi grand développement que dans les terrains
jurassiques, car on peut dire sans exagération
qu'ils ont bâti la moitié de toutes les montagnes
calcaires du globe. Si l'on examine, en effet, un
fragment de ce calcaire, on n'y verra d'abord qu'une
texture grenue très-ordinaire, mais en le regardant
à travers une loupe, on reconnaît bientôt que toute
la cassure de la pierre est couverte de petits des-
sins réguliers résultant des cellules étoilées qu'ha-
bitent ces animalcules. Les ammonites, les bélemnites, les nautiles y forment aussi parfois des amas
considérables.

Les polypiers et les mollusques ne sont pas les
seuls habitants des mers jurassiques; les poissons
y sont également très-nombreux; les bancs calcaires de Solenhofen, en Allemagne, en sont pétris.
L'ichthyosaure, le plésiosaure, le mégalosaure, armés jusqu'aux dents, continuent à régner en tyrans
sur l'empire des mers.

Mais le fait le plus intéressant de l'histoire palé-
ontologique du terrain jurassique, c'est la première
apparition des mammifères. Comme on doit s'y
attendre, ce sont les espèces inférieures, les moins
parfaites de la classe, qui apparaissent d'abord. Les

restes trouvés dans les carrières de schiste de Sto-
nesfield sont des débris de didelphes ou marsupiaux, petits animaux voisins des sarigues actuelles
de l'Amérique et de l'Australie. Par leur système
dentaire et par leur mode de reproduction, les
didelphes sont moins éloignés des reptiles que toute
autre famille de mammifères. Chacun sait, en effet,
que ces derniers font leurs petits vivants et les
allaitent pendant le premier âge, tandis que les
reptiles, à fort peu d'exceptions près, font des œufs
dont ils abandonnent l'incubation à la chaleur du
soleil. Les petits que le didelphe met au monde sous
forme de petites masses gélatineuses et charnues ne
sont pas des œufs, puisqu'elles n'ont pas d'enveloppes; mais ce ne sont pas non plus des petits

Fig. 60. — Tetragonolepis, poisson jurassique.

vivants; car elles sont informes et privées de mouvement. Elles restent attachées au sein de leur mère
dans une immobilité parfaite pendant une cinquan-
taine de jours, abritées dans une espèce de poche
que forme un repli de la peau. Au bout de ce temps,
les petits se sont développés, et, alors seulement,
ils sortent de la poche. Cette reproduction est donc,
en quelque sorte, ovovivipare, mode de génération
qui se retrouve chez certains reptiles et même dans
quelques poissons. C'est déjà plus que la reproduction ovipare de la généralité des reptiles, mais
ce n'est pas encore la reproduction vivipare des
mammifères.

Le soulèvement des terrains jurassiques, auxquels
se rattachent les montagnes de la Côte-d'Or et des

Cévennes, modifia la configuration de l'Europe du
Trias. Le bras de mer qui séparait la Bretagne du
plateau central de la France, d'une part, et de l'Allemagne, de l'autre, fut comblé, et il ne subsista
plus en Europe que deux grandes terres au lieu de
quatre : au nord, la Scandinavie, qui resta presque
sans changement, et un immense croissant dont
le sommet se trouvait vers Perpignan, et dont les
deux extrémités se tournaient, l'une vers l'extrémité
de l'Écosse, et l'autre vers Cracovie. Un grand
nombre d'îles émergeaient en outre du sein de la
mer ; l'une d'elles comprenait une partie de la Corse
actuelle, une autre l'emplacement sur lequel
devaient s'élever plus tard les Pyrénées. La plus
importante par son étendue s'allongeait parallèlement à la branche orientale du croissant continental
depuis Briançon jusqu'à Inspruck. Ainsi se forme
peu à peu l'ossature du globe, et, à mesure que nous
avancerons dans la suite des siècles, nous verrons
les terres s'élever et s'étendre, le bassin des mers
s'étrécir et gagner en profondeur ce qu'il perd en
étendue.

Après la convulsion occasionnée par le soulèvement du terrain jurassique, de nouveaux dépôts
sédimentaires recommencent à se former.

Ce sont d'abord des couches alternatives de
calcaire, de sables ferrugineux, d'argiles, etc. (étage
des sables ferrugineux). Au dessus se déposent des
marnes bleues et des grès verts, auxquels succède
une craie parsemée de grains verts, provenant des
grès et nommée pour cela craie verte ou chloritée
(étage glauconieux ou des grès verts). Puis viennent
enfin de puissantes couches de craie blanche dont
le dépôt a dû se continuer pendant un grand nombre de siècles, car leur épaisseur dépasse parfois
200 mètres. C'est l'étage crayeux auquel l'époque
entière doit son nom.

Cette craie, presque entièrement composée de
carbonate de chaux, est massive, tendre et traçante,
souvent mélangée d'une quantité plus ou moins
grande de sable dont on la débarrasse facilement
par le lavage pour en fabriquer le blanc d'Espagne.
Ordinairement, elle renferme à sa partie supérieure
de nombreux silex, soit en rognons, soit en lits,
qui fournissent la pierre à briquet et à fusil ; mais,

dans sa partie inférieure, la craie cesse de contenir des silex et devient marneuse. Elle prend alors une certaine dureté et passe même à l'état de pierre solide, susceptible d'être employée dans les constructions ; on la nomme alors tuffeau. L'élégante cité de Tours n'est bâtie que de cette craie tuffeuse. Cette pierre poreuse et si tendre, qu'elle se laisse entamer au couteau, durcit peu à peu au contact de l'air, comme le tuf auquel les architectes et les géologues l'ont assimilée.

La surface sur laquelle s'étend la craie est considérable ; on peut la suivre du nord-ouest au sud-est, depuis l'Irlande jusqu'à la Crimée, sur une longueur de 1,500 kilomètres, et, en travers de cette direction, depuis la Suède jusqu'à Bordeaux sur une autre longueur de 1,100 kilomètres. Elle est très-développée en Angleterre et en France, et il est évident que ces couches appartiennent à une seule et même formation et qu'elles se sont déposées avant l'existence du détroit qui sépare ces deux contrées, car les couches de chaque côté sont parfaitement identiques, comme on peut le voir par la composition des falaises, en sorte qu'elles ont été formées dans une seule et même mer qui couvrait le bassin de Paris et celui de Londres.

Mais d'où venait cette craie ?

Est-elle, comme l'ont prétendu quelques géologues, un précipité formé des particules les plus fines restées en suspension dans les eaux après le dépôt des particules plus grossières, et provenant comme elles de la désagrégation des roches préexistantes, ou s'est-elle formée, pendant une longue période de siècles, des débris des myriades de coquilles, de polypiers et de corallines qui vivaient à cette époque dans les mers ?

La craie consiste en carbonate de chaux tout à fait semblable au produit des détritus des testacés et des coraux ; elle paraît due, en effet, à la décomposition des parties solides de ces animaux. En étudiant les îles de coraux du Pacifique, Darwin a observé plusieurs bassins ou lagunes, environnés et presque clos par des récifs madréporiques, sur le fond desquels se dépose une vase calcaire blanche et molle, qui résulte, non-seulement de la trituration des corallines ou plantes calcaires, de coraux,

de mollusques, d'échinodermes, de crustacés et de
foraminifères, mais encore de la matière fécale
rejetée par les échinodermes, le strombus géant —
espèce de grand mollusque — et les poissons coral-
lophages. Ceux-ci, en légions innombrables, rongent
paisiblement les coraux vivants de la même manière que les quadrupèdes herbivores broutent le
gazon. Leurs intestins, quand on les ouvre, sont
remplis de craie impure et les excréments qu'ils rejettent ressemblent à de petits cônes de mélèzes et

Fig. 52. — Diatomées fossiles de la craie.

sont principalement composés de phosphate de
chaux.

La craie qui, au premier abord, paraît totalement
dépourvue de débris organiques, se montre sous le
microscope remplie de fragments de coraux, de
spongiaires, de coquilles, de foraminifères et d'infusoires encore plus ténus. Le tripoli, le silex, certains minerais de fer et d'autres substances minérales ont une origine à peu près semblable. Nous
pouvons donc dire avec lord Byron :

« *The dust we tread upon was once alive.* »

« La poussière que nous foulons aux pieds fut
jadis vivante »

Cette exclamation du poëte est loin d'être exa-
gérée ; elle ne nous donne même qu'une faible idée
des véritables merveilles de la nature; car, à chaque
pas, nous acquérons la preuve que la poussière calcaire ou siliceuse, non-seulement a jadis été vivante,
mais encore que chaque particule, quelqu'invisible

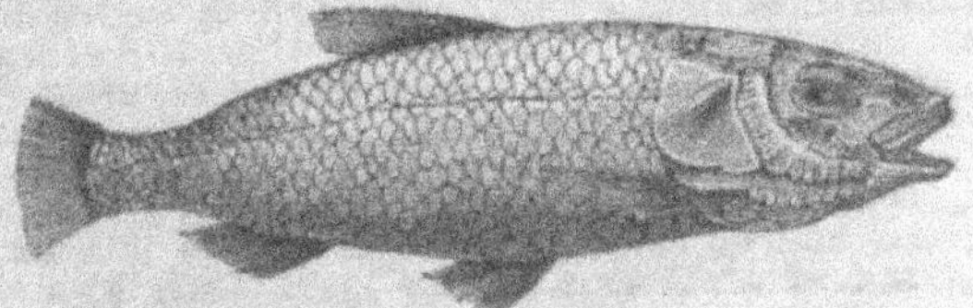

Fig. 64. — Osmeroïdes Mantelli, poisson crétacé.

qu'elle soit à l'œil nu, conserve encore la structure organique qui, à des époques infiniment éloignées, lui fut imprimée par la puissance de la vie.

Les divers étages de l'époque crétacée renfer-

Fig. 65 — Beryx Lewesiensis, poisson crétacé.

ment un grand nombre de fossiles inconnus aux
époques précédentes. Parmi les végétaux ce sont
quelques cycadées, des fougères et des conifères en
petit nombre, qui forment la base des rares forêts
qui couvrent les montagnes; mais surtout un grand
nombre de plantes aquatiques, algues, conferves,
naïades différant presque toutes des espèces qui
les ont précédées.

A cette époque, où une grande partie de la terre était encore sous les eaux, vivaient de nombreuses espèces de poissons, comme le prouvent leurs débris. Ils diffèrent de ceux qui les ont précédés et encore plus de ceux qui les suivront. Des requins gigantesques et voraces poursuivaient et décimaient leurs nombreuses tribus.

Sur les rivages des mers et des lacs rampaient d'énormes reptiles, des crocodiles voisins des monitors : l'un d'eux, le *mosasaure*, avait 10 mètres de longueur. Sa tête seule mesurait 1 m. 50, et ses mâchoires armées de dents formidables, occupaient toute cette longueur. Les doigts de ses pieds étaient palmés et sa queue longue de trois mètres, aplatie sur les côtés, large et relevée, lui servait à ramer avec vigueur en l'agitant de droite et de gauche, comme font les tritons de nos jours. Cette espèce

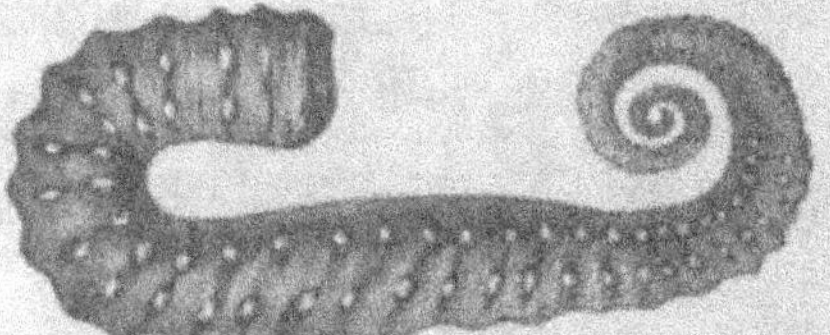

Fig. 66. — Ancyloceras, mollusque crétacé.

fut d'abord connue sous le nom de grand crocodile de Maëstrich, parce que c'est dans les carrières crayeuses des environs de cette ville qu'on découvrit ses ossements pour la première fois.

Des ichthyosaures, des plésiosaures, et d'énormes tortues ont laissé leurs débris dans les couches de la craie. On a découvert dans les carrières de Kent les ossements d'un ptérodactyle géant dont les ailes mesuraient cinq mètres d'envergure. Si le condor des Andes peut enlever un mouton dans ses serres, le ptérodactyle géant devait bien pouvoir emporter un veau.

Les couches du terrain crétacé sont naturellement fort riches en mollusques : vénus, peignes, huîtres, térébratules, ammonites, nautiles, trigonies ; en bélemnites ; en oursins ou échinodermes ; en crustacés : crabes, écrevisses.

Le terrain crétacé renferme du gypse, du sel gemme et surtout du *lignite*, espèce de houille imparfaite dans laquelle on reconnaît souvent le tissu ligneux des végétaux. On s'en sert comme combustible dans quelques usines. Les lignites compactes et d'un certain éclat portent le nom de jais ou de jayet et servent à faire des parures de deuil. Cette substance, dont les gisements d'étendue assez médiocre se trouvent déjà dans le terrain jurassique, se rencontrent dans presque tous les étages supérieurs. On en exploite un gisement assez important dans le département de l'Aude.

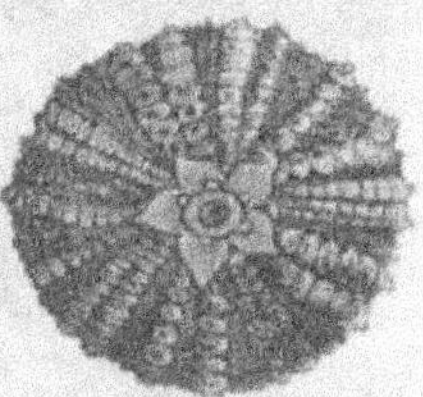

Fig. 67. — Goniopïgus, échinoderme crétacé.

Le soulèvement du terrain crétacé fut une des

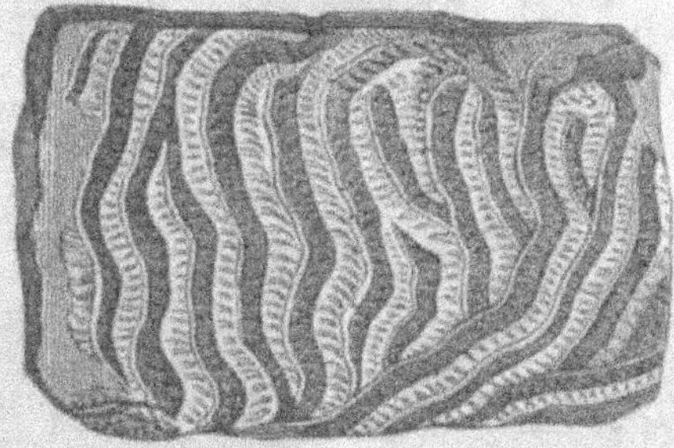

Fig. 68. — Méandrine, zoophyte crétacé.

crises les plus violentes qu'eut à traverser la Terre; les Pyrénées, les Apennins, les Karpathes et les Balkans surgirent alors du sein des flots qu'ils rejetèrent au loin, en donnant lieu à d'épouvantables inondations.

La plus grande partie du monde actuel se trouva portée au dessus des eaux; les deux tiers de la France et de l'Angleterre furent mis à sec; cependant Paris et Londres étaient encore au fond de la la mer.

7.

» L'Amérique presque tout entière existait alors, et ce continent, que nous nommons le Nouveau à cause de sa découverte récente, est peut-être en réalité l'un des plus anciens.

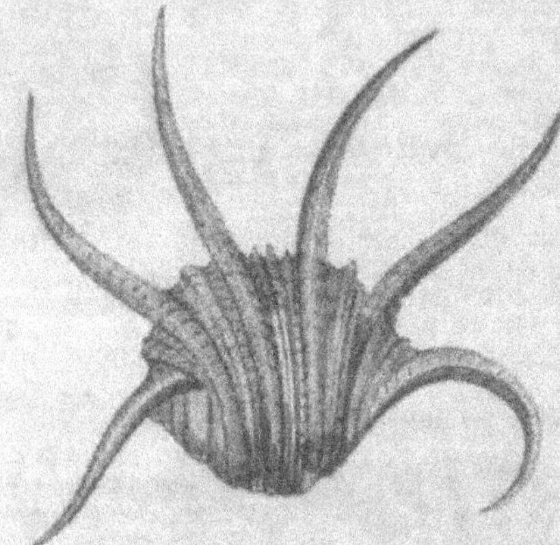

Fig. 69. — Pteroceras, mollusque crétacé.

Pendant la période secondaire, c'est-à-dire dans l'immense suite de siècles qui s'écoule entre le

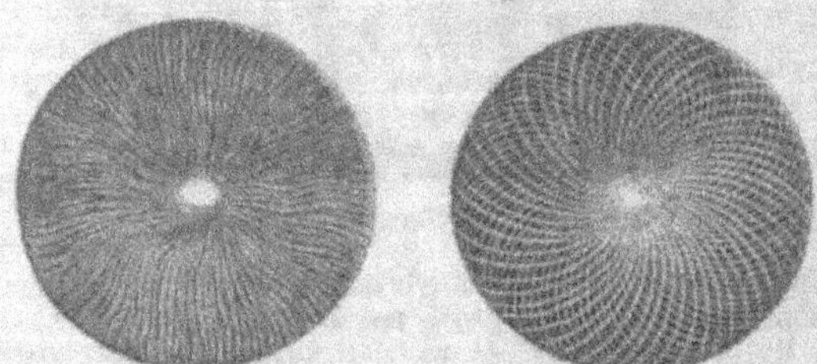

Foraminifère crétacé.
Fig. 70. — Orbitoïde.        Fig. 71. — Coupe d'une orbitoïde.

dépôt du terrain permien et le soulèvement des couches crétacées, les éruptions de matières ignées deviennent moins fréquentes, et les roches qu'elles amènent au jour changent de nature.

Dès les dépôts permiens, les roches d'épanchement, qui ont été jusques-là des granits et des porphyres, sont le plus souvent remplacées par d'autres roches également d'origine ignée, mais ne présentant ni le même aspect ni la même composition. Ces roches, auxquelles les géologues ont donné le nom de serpentines ou d'*ophiolithes* à cause de leur couleur verte bigarrée, qui les a fait comparer à la peau d'un serpent, sont de nature magnésienne à cassure écailleuse, elles forment des amas transversaux ou des filons. Souvent on les trouve en veines dans le calcaire, et il en résulte alors ce que l'on appelle le marbre vert ou serpentineux.

Dans leur éruption, ces roches ont amené des métaux en abondance, et l'on peut dire qu'elles sont les roches métallifères par excellence de la période secondaire. Les fameux gîtes de platine, d'or, d'argent, de cuivre, de fer, de l'Oural et de la Sibérie; ceux de la Californie et du Brésil, ont été produits par les éruptions des roches vertes.

La période secondaire n'est pas seulement riche en métaux ; tous les minéraux utiles y sont très-répandus. Dans le terrain permien se trouve encore le charbon; dans le trias, le plâtre, l'albâtre et le sel gemme ; dans le jurassique, les marbres, les pierres à chaux, l'argile employée dans l'art céramique ; dans le crétacé, la craie, les pierres de taille et à moëllon. Les terrains secondaires ne sont pas moins favorables à l'agriculture ; les dépôts calcaires marneux et argileux de l'époque jurassique sont les plus favorables à la végétation : la Normandie et la Bourgogne nous en offrent la preuve. C'est sur les grès du trias que s'élèvent les bois épais des Vosges et de la Forêt-Noire. C'est aux calcaires crayeux que la Champagne doit la qualité gazeuse et pétillante de ses vins ; mais, dans les terrains où la craie domine, comme dans la Champagne pouilleuse, la terre stérile ne produit que des landes.

# CHAPITRE XIV



Après la grande convulsion dont nous venons de décrire les principaux effets, se déposèrent de nouveaux sédiments de nature diverse, et l'on a donné le nom d'époque tertiaire à l'ensemble de toutes les couches qui se sont formées entre le terrain crétacé et les terrains modernes ou de formation récente.

Quoique très-complexe et très-puissant, ce terrain présente cependant moins d'étendue et d'épaisseur que le précédent sur lequel il s'appuie. Les diverses formations qui le composent n'ont pas la grande continuité des terrains antérieurs ; elles sont disposées en bassins isolés et indépendants, présentent entre elles une composition sensiblement différente et ne se rapportent les unes aux autres que comme dépôts parallèles et équivalents.

Souvent une période de tranquillité plus ou moins longue a été interrompue par des oscillations, des exhaussements du sol, dont le contre-coup, déplaçant les eaux, a fait disparaître toute une création d'êtres ensevelis sous de nouvelles couches de sédiments. Les parties émergées à leur tour, comme autant d'îlots, se couvraient de plantes qui y végétaient, se peuplaient d'animaux terrestres, possédaient des lacs ou des courants d'eau douce, et les choses persistaient dans cet état jusqu'à ce qu'une nouvelle oscillation du sol, venant rendre à la mer son ancien domaine, de nouvelles formations marines se superposaient à ces formations fluviatiles et terrestres. Ainsi s'explique l'alternance, si fréquente dans le terrain tertiaire, de couches déposées dans les eaux marines ou dans les eaux douces, caractérisées par la présence des fossiles que l'on y rencontre. Elles offrent d'ailleurs un intérêt tout particulier par la prodigieuse abondance et la grande variété de débris qu'ils recèlent et dont la nature organique commence pour la première fois à présenter des espèces analogues à celles de l'époque actuelle.

Vers la fin de la période précédente, près des deux tiers de la surface actuelle des continents et des îles étaient émergés. L'étendue des terres s'était graduellement accrue et le domaine des eaux superficielles avait proportionnellement diminué. Une des conséquences de cette extension progressive des terres fut le développement des animaux organisés pour respirer l'air en nature, pour vivre loin des grandes masses d'eau, et l'on voit le nombre des espèces, la variété des types et la perfection des organes augmenter à mesure que s'accroît le sol qu'ils devaient peupler et que les conditions nécessaires à leur existence deviennent plus favorables. Aussi le nombre des espèces appartenant à cette période l'emporte de beaucoup sur celui de toutes les époques qui l'ont précédée.

Outre cette extension des terres émergées, le relief de celles qui l'étaient auparavant devient plus prononcé et plus accidenté ; chaque soulèvement leur donne des formes de plus en plus accusées. Les amas d'eau douce, et, par suite, les sédiments lacustres très restreints dans les époques antérieures, prennent, en raison de la plus grande étendue des terres, une importance qu'ils n'avaient jamais eue.

Pendant l'époque qui va suivre, des roches analogues aux précédentes, mais d'une texture de moins en moins cristalline, continuent à se déposer. Les calcaires sont moins compactes, les grès d'un grain moins serré, les conglomérats, les amas de cailloux roulés atteignent une épaisseur beaucoup plus considérable que par le passé. On voit l'action puissante des eaux qui ont labouré le sol, et qui, sans

doute précipitées par les soulèvements de très hautes
montagnes le long des pentes et des côteaux, ont
entraîné dans les vallées des masses énormes de
détritus.

L'époque tertiaire a été divisée en trois groupes
ou étages : l'inférieur ou *eocène*, le moyen ou *miocène* et le supérieur ou *pliocène*[1].

L'étage inférieur auquel on donne aussi le nom
d'étage parisien est composé de diverses couches
d'argile plastique, qui doit son nom à la propriété

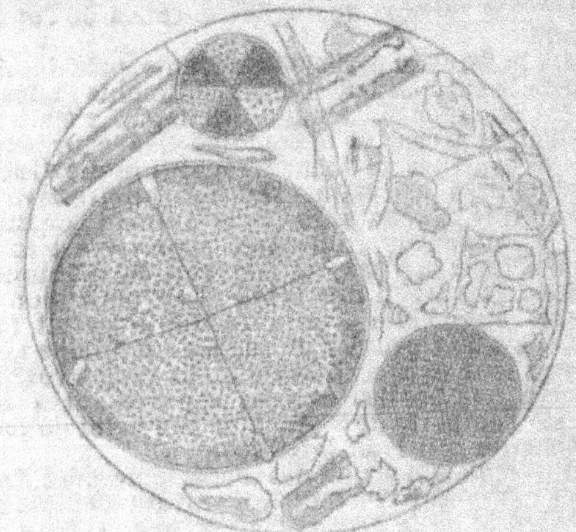

Fig. 72. — Foraminifères du calcaire grossier.

dont elle jouit de faire pâte avec l'eau et de prendre
ensuite facilement les formes qu'on lui donne.

[1] Ces noms imposés par le géologue anglais Lyell indiquent la
proportion de coquilles fossiles appartenant à des espèces encore
vivantes ; ainsi le premier (de *eos* aurore) en contient le moins,
environ 3 pour 100 ; le deuxième (de *meion* moins) en contient à
peu près 18 pour 100, et le troisième (de *pleion* plus nombreux) en
contient 52 pour 100. Ces dénominations, qui ont prévalu, ont toutefois le tort d'être fondées sur un caractère qui n'est nullement
constant dans tous les dépôts ; nous préférons celles de terrain
parisien, falunien et subapennin adoptées par quelques géologues
français.

Cette argile qui présente des teintes très-variées, alterne souvent avec des sables, des grès, des conglomérats et des lignites qui, dans le Soissonnais, constituent des lits assez puissants pour être exploités avec avantage. Sur cette argile plastique, qui forme l'assise inférieure du terrain parisien, la mer déposa des bancs épais de ce calcaire grossier dont sont construites les maisons de Paris et qui renferme une quantité si considérable de coquilles et surtout de foraminifères, que dans un seul fragment de pierre pesant moins de 100 grammes on a pu compter plus de 10,000 de ces tests microscopiques. On y trouve aussi en grand nombre des dents de requins.

Ce calcaire grossier, ainsi nommé à cause de la rudesse de son grain, donne une pierre de taille et un moellon de premier choix. Notre-Dame est construite tout entière du calcaire tiré des carrières d'Ivry. Ce sont ces mêmes matériaux que les Romains, ces grands bâtisseurs, ont mis partout à contribution dans le Midi de la France ; les arènes d'Arles et de Nîmes, le théâtre et l'arc de triomphe d'Orange, celui de Saint-Remy, le pont du Gard avec ses trois rangs d'arches étagées, et cent autres monuments qui ont défié les siècles, sont bâtis de ce rude calcaire.

Les calcaires marins furent recouverts dans le bassin de Paris, par les eaux d'un immense lac qui déposèrent une couche épaisse de calcaire lacustre puis de gypse dans lequel ont été ouvertes les nombreuses carrières à plâtre de Montmartre, Pantin, Livry, etc. Avec ce dépôt de gypse, qui couronne l'étage parisien, alternent des couches de marnes et d'argiles de diverses couleurs et des dépôts de meulières, qu'on exploite surtout à la Ferté-sous-Jouarre pour en faire d'excellentes meules de moulin.

En Angleterre et en Belgique l'étage parisien est représenté par des sables et des argiles bien reconnaissables pour appartenir à cette formation puisqu'ils contiennent une partie des coquilles du calcaire grossier parisien.

Paris et Londres sont tous deux placés au milieu des terrains de cet âge ; c'est la même assise qui les porte, celle de l'argile plastique : mais il existe

entre les deux villes une différence géologique es-
sentielle ; dans le bassin parisien, l'argile plastique
est surmontée du calcaire grossier qui manque
dans le bassin de Londres. La capitale de l'Angleterre est sortie avant sa voisine du sein des eaux,
et voilà pourquoi Paris est une ville de pierre et
Londres une ville de brique.

Un grand nombre de dépôts salifères appartiennent
à cet étage ; ils sont répandus dans toutes les parties
du monde. Les bords des grandes plaines de la mer
Caspienne, la Russie d'Europe et d'Asie en sont extrêmement riches ; en Perse il s'en trouve également
de grands dépôts ; sur les bords du désert de Sahara
et du Fezzan, dans les plaines mêmes du désert, il
en existe des dépôts souvent considérables. En Espagne, près de la ville de Cardonne (Catalogne),
s'élève une montagne, du volume de celle de Montmartre, entièrement formée de sel gemme de diverses couleurs. Nous avons cité déjà celles du
Wurtemberg et celles de France, dans la Meuse et
la Meurthe. Mais aucun de ces dépôts n'a l'importance des fameuses mines de sel de Wieliczka,
auprès de Cracovie, que l'on exploite depuis six
siècles. On estime que ce dépôt forme une masse
de 400 kilom. de longueur sur 125 kilom. de largeur.
Il y est déposé par couches stratifiées sur des lits
d'argile et de grès. Les galeries d'exploitation y descendent jusqu'à 240 mètres de profondeur, s'étendent à 3,000 mètres en longueur et à 1,600 mètres
en largeur. On y trouve des salles taillées carré-
ment, soutenues par des piliers de sel et qui ont
cent mètres environ d'élévation. L'intérieur de ces
souterrains si extraordinaires présente des chapelles
ornées d'autels, de colonnes, de statues, de bancs
en substance saline. Des écuries habitées par des
chevaux, un escalier de plus de mille degrés sont
également taillés dans le sel. On y trouve plusieurs
lacs d'eau salée, sur lesquels on peut se promener
en bateau. Douze à quinze cents ouvriers, 40 à 50
chevaux restent dans ces singuliers souterrains pendant plusieurs années sans en paraître incommodés.

A l'époque où se forma l'étage parisien dont le
soulèvement donna à la France, encore reliée à l'Angleterre, à peu près sa configuration actuelle, la vie
végétale et animale prit un large développement.

Fig. 73. — La chapelle St-Antoine dans les mines de sel de Wieliczka.

Les végétaux, qui jusques-là avaient couvert le sol, appartenaient en majorité à des espèces inférieures, cryptogames ou monocotylédones : des algues, des mousses, des fougères, des équisétacées, des naïadées, les plantes dicotylédones n'y étaient encore repré-

Fig. 74. — Palmiers fossiles.

sentées que par quelques conifères. Ici, les fougères arborescentes, les zamias, les cycas de la période précédente disparaissent pour faire place à des pal-miers qui forment de véritables forêts, même dans les régions aujourd'hui très-tempérées, ce qui

prouve qu'un climat méditerranéen, sinon tropical,
régnait alors sur toute l'Europe. Dans les formations d'eau douce du bassin de Paris on a trouvé
de nombreux troncs de palmiers, dont quelques-
uns d'une grosseur considérable. Un fait remarquable, c'est que tous les palmiers fossiles de cette
époque appartiennent à des genres dont les feuilles
sont en éventail, tandis que le plus grand nombre
des espèces actuelles les ont pennées. On trouve
avec ces feuilles très bien conservées, dans certaines localités, des fruits assez semblables aux
noix de coco et aux fruits des Pandanées. Parmi
les conifères on y trouve des pins, des cyprès, des
ifs, des thuias, des araucarias ; c'est la résine con-
crétée de certains conifères de cette époque qui a
produit l'ambre jaune ou succin. Cette substance,
qui ressemble beaucoup à la résine copal qui dé-

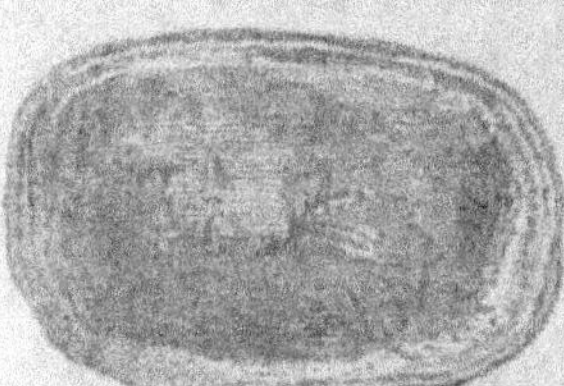

coule de plusieurs arbres
de l'Inde du genre *Go-
nitre*, se rencontre en rognons dans toutes les
parties du monde, mais
surtout sur les côtes de
la Baltique et du Japon.
Quelles immenses forêts
d'arbres produisant cette
substance ont dû être en-
sevelies dans les mers
du nord pour que, depuis

Fig. 75 — Ambre ou succin.

l'antiquité la plus reculée jusqu'à nos jours, on en
ait pu retirer une quantité si prodigieuse d'ambre !

On trouve dans l'ambre de nombreux débris, soit
végétaux, soit animaux, mais surtout des insectes,
qui nous sont ainsi parvenus dans un état de conservation parfaite et que nous ne connaîtrions sans
doute pas autrement. On comprend en effet que
lorsque cette substance découlait de l'arbre, l'insecte
qui venait à la toucher de l'aile ou de la patte s'y en-
gluait et était bientôt enveloppé par elle. On retrouve
ainsi des mouches, des blattes, des libellules, des
hyménoptères, des coléoptères, des araignées et des
myriapodes analogues à ceux qui vivent actuellement. Les papillons y sont très rares : on y a trouvé
cependant quelques chenilles.

Dans ce temps-là, pour la première fois, appa-

rurent des plantes dicotylédones angiospermes,
c'est-à-dire des arbres plus ou moins analogues à
nos chênes, à nos hêtres, à nos ormes, à nos peupliers, saules, érables, etc. Les arbres et les arbustes
se couvrent de fleurs et de fruits, et dès lors paraissent les oiseaux chanteurs qui se nourrissent
de baies et de graines et les insectes ailés qui recueillent dans les corolles parfumées le miel, dont
ils se nourrissent.

Dans le vaste lac qui couvre le bassin de Paris
nagent une foule de poissons ; des mormyres, des
truites, des cyprins, des brochets, mais d'espèces
distinctes de leurs congénères actuels et ne leur
ressemblant que par les formes générales. Les mers
sont également habitées par des légions de poissons
herbivores dont l'accroissement excessif est tenu en
échec par la voracité des espèces carnivores ; d'é-
normes raies, des torpilles, des squales. Les grands
poissons ganoïdes et placoïdes des périodes précédentes sont disparus pour faire place aux cténoïdes
et aux cycloïdes qui forment l'immense majorité
de la population maritime actuelle. Dans les eaux
douces vivent des tortues, des émydes et des trionyx.
Les reptiles monstrueux qui ont vécu pendant l'é-
poque précédente n'existent plus et leurs débris
seuls survivent pour attester leur présence dans
les terrains anciens. D'énormes crocodiles vivent
encore, mais ils se rapprochent de ceux qui peuplent actuellement les rivages d'Afrique. Les
espèces de mammifères, bornées jusque-là à quelques didelphes et à quelques petits rongeurs, apparaissent d'une manière continue et à tous les étages
et le caractère le plus tranché de cette époque est
le développement extraordinaire des mammifères.
Ce sont d'abord d'énormes cétacés : baleines, ror-
quals, marsouins, dauphins, qui remplacent les
reptiles gigantesques de la période secondaire ;
des ziphius qui tenaient à la fois du cachalot et de
l'hyperodon. Puis viennent des lamantins et des
phoques, qui mènent des cétacés aux mammifères
terrestres, d'abord tous herbivores ; ensuite viennent les carnassiers auxquels ceux-ci devaient servir de proie.

Ainsi se manifeste d'une manière évidente la progression continue dans la création des êtres orga-

nisés. Peu abondant relativement dans les couches inférieures leur nombre s'accroît dans ces couches à mesure qu'elles deviennent plus récentes, et à une organisation relativement plus simple s'ajoutent des types organiques de plus en plus compliqués. »

C'est dans le gypse ou plâtre parisien qu'ont été découverts les nombreux débris des mammifères terrestres à l'aide desquels l'illustre Cuvier, le créateur de l'ostéologie fossile, est parvenu à déduire la forme et la proportion des autres parties de ces animaux et à reconstruire leurs squelettes avec une précision telle, que les découvertes postérieures d'autres fragments de ces mêmes animaux sont venus confirmer tout ce que son génie avait pressenti.

Avant Cuvier, quelques savants s'étaient en vain occupés de jeter la lumière sur ces restes d'animaux éteints.

Les uns n'y avaient vu que des monstres engloutis par quelques grands cataclysmes de la nature, les débris de ces dragons, de ces sphynx dont l'antiquité avait peuplé sa mythologie. Les autres croyaient y reconnaître des restes humains ; tels sont ceux que l'on fit passer pour ceux du géant Tentobochus, roi des Cimbres défait par Marius, ou ceux de l'homme témoin du déluge, *Homo diluvii testis*, qui, au siècle dernier, donnèrent lieu à de si longues et si vives discussions. En un mot la géologie positive n'était pas née.

Enfin Cuvier parut, et, le premier, créa la paléontologie, après avoir fondé l'anatomie comparée par la découverte de cette belle loi de la corrélation des organes.

« La moindre facette d'os, dit-il, la moindre apophyse, ont un caractère déterminé, relatif à la classe, à l'ordre, au genre et à l'espèce auxquels ils appartiennent, au point que toutes les fois que l'on a seulement une extrémité d'os bien conservée, on peut, avec de l'application et en s'aidant avec un peu d'adresse de l'analogie et de la comparaison effective, déterminer toutes ces choses aussi sûrement que si l'on possédait l'animal entier. »

Lorsqu'il se vit entouré d'innombrables fragments d'animaux inconnus extraits des carrières de Montmartre d'où étaient déjà sortis des mil-

liers d'ossements détruits avant qu'on eût songé
à les étudier.

« Je me trouvai, dit le grand naturaliste, dans
le cas d'un homme à qui l'on aurait donné pêle-
mêle les débris mutilés et incomplets de quelques
centaines de squelettes appartenant à vingt sortes
d'animaux; il fallait que chaque os allât retrouver
celui auquel il devait tenir; c'était presque une
résurrection en petit, et je n'avais pas à ma disposition la trompette toute puissante; mais les lois immuables prescrites aux êtres vivants y suppléèrent,
et, à la voix de l'anatomie comparée, chaque os,
chaque portion d'os reprit sa place. Je n'ai point
d'expression pour peindre le plaisir que j'éprouvais
en voyant, à mesure que je découvrais un caractère,
toutes les conséquences plus ou moins prévues de
ce caractère se développer successivement ; les
pieds se trouver conformes à ce qu'avaient annoncé
les dents ; les dents à ce qu'annonçaient les pieds;
les os des jambes, des cuisses, tous ceux qui devaient réunir ces deux parties extrêmes, se trouver
conformes comme on pouvait le juger d'avance ; en
un mot, chacune de ces espèces renaître pour ainsi
dire d'un seul de ces éléments. »

Sur les bords du grand lac qui couvrait le bassin
de Paris, vivaient de nombreux mammifères. Une
chose fort remarquable, c'est que l'une des familles
qui, aujourd'hui, occupe le moins de place par le
nombre de ses espèces, est justement la plus généralement répandue à cette époque antédiluvienne
sur la surface du globe; c'est celle des pachydermes.
Toutes les espèces qui la composent manquent de
clavicule et ont les doigts encroutés dans une peau
calleuse et n'apparaissant au dehors que par les
ongles attachés sur le  bord de cette espèce de
sabot. Tous vivent de végétaux ; mais les uns ruminent et les autres ne ruminent pas.

C'est d'abord le grand *palœotherium*, qui paraît
offrir une grande analogie de formes et sans doute
aussi de mœurs avec le tapir d'Amérique. Comme
ce dernier, il avait une grosse tête dont le nez se
terminait en une courte trompe musculeuse et
charnue. Son œil était très petit comme celui du
cochon. Son corps lourd et trapu était porté par des
jambes courtes et massives terminées par un pied à

trois doigts encroutés dans des sabots. Sa taille
égalait celle des plus grands chevaux.

Il y avait plusieurs espèces de ces singuliers pachydermes, ne différant guère les unes des autres

Fig. 76. — Paléotherium.

que par la taille; le paléotherium large, de la taille
du cochon, avait des formes encore plus lourdes et
massives que le précédent; le paléothérium moyen,

Fig. 77. — Anoplotherium.

au contraire, avait des formes élancées et des jambes
grêles; ses proportions étaient celles du chevreuil.
Le petit paléotherium avait avec la taille du lièvre,
ses jambes et sa légèreté. Tous étaient herbivores

et broutaient l'herbe des prairies, ou arrachaient les racines charnues des plantes aquatiques.

A côté des paléotherium vivaient les *Anoplothe-rium*. Le plus grand, de la taille d'un cheval ordinaire, avait la tête lourde, le corps trapu, les extrémités plus grosses et plus courtes ; mais, ce qui le distinguait, c'était une énorme queue. Sa démarche lourde et trainante à terre, devait être assez vive dans l'eau, où il passait sans doute la plus grande partie de sa vie comme l'hippopotame. Ainsi que ce dernier il vivait des racines et des tiges succulentes des plantes aquatiques. Une autre espèce, l'anoplothérium léger, avait la taille, les formes élancées et les jambes grêles de la gazelle. Léger comme un chevreuil il devait courir rapidement autour des marais et des étangs où nageait la première espèce. Il devait y paître les herbes aromatiques des terrains secs, ou brouter les pousses des arbrisseaux. Une troisième espèce avait la taille et les proportions du lièvre, deux autres avaient seulement celles du cochon d'Inde. Ces trois dernières espèces forment le genre *Dichobune*, à cause des collines disposées par paire que présentent les quatre dernières molaires. Au bord des eaux ou dans les marécages vivait encore le *Chœropotame*, très-voisin des cochons, dont il avait la taille et probablement les habitudes.

*L'Adapis*, dont les dents semblent indiquer un genre de vie omnivore, devait rappeler la forme générale du hérisson, mais sa taille était d'un tiers plus forte.

*L'Anthracotherium* offrait quelques rapports avec l'hippopotame, dont il avait probablement les habitudes. Il atteignait au moins la taille d'un âne et se nourrissait des racines et des plantes aquatiques.

Les *Lophiodons* vivaient également au bord des eaux. C'étaient de grands pachydermes, offrant de nombreux rapports avec les paléotherions.

Le lophiodon géant égalait en grosseur le rhinocéros ; venaient ensuite le lophiodon d'Issel, dont la taille était celle du plus grand bœuf, le lophiodon tapiroïde de la grandeur du tapir d'Amérique, et deux autres espèces dont l'une pouvait avoir les proportions du mouton et l'autre celles du lapin.

8

Le *Xiphodon grêle*, qui habitait les côteaux secs et peut-être les bois, comme les chevreuils et les cerfs auxquels il ressemblait, était monté sur de longues jambes grêles qui devaient le rendre très-léger à la course.

Tous les animaux pachydermes de cette époque sont non-seulement éteints, mais encore ils n'ont laissé après eux aucun animal analogue auquel on puisse les comparer. Cette abondance d'herbivores s'explique par le manque de grands carnassiers, la rareté des petits, et surtout l'absence de l'homme.

Quelques autres, quoique différant beaucoup de ceux qui vivent à présent sur la terre, y ont pourtant leurs analogues ; tels sont le sanglier d'Auvergne qui différait peu du sanglier de nos jours,

Fig. 78. — Xiphodon grêle.

mais était d'une taille beaucoup plus forte ; un cerf, un lagomys, un rat, un écureuil, une marmotte, etc.

Peut-être tous ces animaux herbivores jouirent-ils d'abord d'une tranquillité parfaite, au moins sur le territoire parisien ; car on n'y trouve que dans les dernières couches, les débris d'animaux carnassiers. Mais bientôt parurent les espèces sanguinaires qui devaient vivre aux dépens des phytophages, comme ceux-ci vivaient aux dépens des végétaux. Le plus fort, le plus cruel, le plus terrible de ces animaux de proie était une sorte de *raton* dont la taille égalait celle du loup, mais qui, d'après la forme de ses dents, devait surpasser de beaucoup ce dernier en férocité et en vigueur. Une espèce de *chien*, mais qui n'appartenait à aucune des races actuellement existantes, devait vivre aussi du produit de sa chasse ; il avait sans doute le naturel et les habitudes du loup. Un carnassier du genre des genettes, un autre du genre des martres, figurent parmi les animaux redoutables de ce temps-là, ainsi qu'un coati de la taille d'un grand chien.

Un didelphe carnassier, le *sarigue parisien*, vivait sur les arbres et recherchait sans doute les nids des oiseaux dont il mangeait les œufs et les petits. Ses ossements, trouvés dans le gypse du bassin de Paris lui ont fait donner son nom. Pour compléter cette nomenclature de la faune fossile de l'étage parisien, nous citerons un renard, un loup, une chauve-souris. Parmi les oiseaux, on a retrouvé les restes d'un busard, d'un hibou, d'une caille, d'une bécasse et d'un pélican qui, sans doute, vivait aux dépens des nombreux poissons du grand lac parisien.

Le mouvement qui souleva le terrain parisien eut une action très-circonscrite, puisqu'il ne fit guère que combler les deux grands golfes où la mer recouvrait le sol occupé par Paris, Londres et Bruxelles d'une part, et par une partie de la Guyenne de l'autre ; mais, en même temps, s'affaissait au dessous du niveau de la mer, une partie de la Touraine, de la Provence et du Languedoc. Ces contrées, de nouveau submergées, furent recouvertes par des couches de sables et des bancs de grés dont Fontainebleau nous offre en quelque sorte le type, et dans la Touraine la mer déposa des couches de coquilles brisées et empatées dans un ciment calcaire, qui forment ces roches friables connues sous le nom de *faluns*, dont on se sert pour amender les terres dans la Touraine et le Bordelais.

Les calcaires et les molasses (grès marneux) de cet étage fournissent d'excellents matériaux de construction qui, associés en Italie aux marbres de la période secondaire, ont servi à la construction des plus beaux monuments. Ces élégantes cités qui ont nom Florence, Pise, Sienne, Lucques, Livourne, Gênes, doivent tous leurs édifices aux roches des terrains tertiaires encore plus qu'aux marbres des collines de Carrare et de l'Apennin.

Comme nous l'avons déjà fait remarquer à propos des terrains primitifs, la nature du sol influe considérablement sur le caractère et les aptitudes de ses

habitants ; une certaine relation unit l'homme à la
pierre. De même que dans les pays primitifs, où
dominent les schistes, l'ardoise, le granit, les calcaires noirs et charbonneux, les habitations comme
le paysage sont tristes et sombres, de même les villes
bâties sur les terrains tertiaires empruntent à leurs
matériaux d'un ton mat et doré leur aspect riche et
gai.

C'est au milieu des bassins tertiaires, arrosés par
de larges fleuves, que sont assises les principales
villes de l'Europe. Paris, Londres, Bordeaux, Rouen,
Tours, Turin, Milan, Florence, sont au centre ou sur
les bords de bassins tertiaires.

Nous avons vu, dans la formation secondaire, les
polypes construire des montagnes de plusieurs centaines de lieues d'étendue, les infusoires et les
foraminifères former de leurs tests et de leurs coquilles les terrains crétacés ; ils ne perdent pas leur
importance dans les terrains tertiaires ; les infusoires
continuent à élever des montagnes, entre autres
dans l'île de Rugen, en Belgique et en Angleterre ;
les polypes continuent à bâtir leurs îles de coraux.
Au fond des mers se déposent les diatomées que
leur cuirasse siliceuse rend indestructibles ; une
goutte d'eau en contient des millions, et telle est leur
abondance que certaines roches sont exclusivement
formées de leurs squelettes [1].

Le schiste siliceux de Bilin en Bohême, connu
sous le nom de tripoli, est entièrement formé des
enveloppes siliceuses des diatomées. Il forme une
couche d'une vaste étendue sur plus de quatre mètres d'épaisseur. Lorsqu'on examine cette pierre sous
un microscope très-grossissant, on voit qu'elle consiste en une agglomération d'enveloppes siliceuses
de diatomées, d'une petitesse telle, que chaque cen-
timètre cube en contient plus d'un milliard. Le
tripoli est depuis longtemps bien connu dans les
arts par son emploi sous forme de poudre pour le
polissage des pierres et des métaux. Dans le tripoli
de Bohême les espèces de diatomées sont d'eau
douce, mais dans d'autres dépôts, celui de l'île de
France, par exemple, les espèces sont marines. Le
terrain sur lequel est bâtie la ville de Berlin est

_______

[1] Voyez les *Secrets de la plage*, pag. 92 et suiv.

formée d'une couche de diatomées de plus de 25 mètres d'épaisseur sur une étendue de plusieurs myriamètres carrés.

Les nummulites, petites coquilles du diamètre et
de la forme d'une lentille, ont aussi construit pendant l'époque tertiaire des chaines de montagnes ;
le Monte Bolca et les collines de Vérone sont presque entièrement formés de ces petits mollusques
qui y sont entassés comme les grains dans un mon-
ceau de blé. C'est avec le calcaire nummulitique
que sont bâties les pyramides d'Égypte. Chose merveilleuse ! ces infiniment petits, si insignifiants
lorsqu'on les considère isolément, ont produit, par
leur prodigieuse multiplication, une action plus
considérable sur la structure de la Terre, que les
masses colossales des baleines et des éléphants, ou
les troncs puissants des chênes et des boababs ; leurs
dépouilles accumulées depuis des millions d'années
ont fini par produire des continents, et, actuellement encore, ils préparent lentement, au fond des
mers, les matériaux de nouvelles terres appelées à
émerger un jour à leur tour du sein de l'Océan.

Ces couches, qui composent l'étage miocène ou
falunien, renferment, outre ces innombrables coquilles, d'abondants débris de poissons, de cétacés
et de mammifères. On y retrouve en partie ceux de
l'étage précédent, paléotherium, authracotherium et
une foule d'espèces nouvelles, des cerfs, des daims,
des bœufs, des antilopes. On y a également retrouvé
des débris d'oiseaux, et, chose remarquable, des
œufs et des plumes fossiles d'une parfaite conservation.

A cette époque se montre dans les grands lacs des
environs de Paris et dans beaucoup d'autres localités de France, le grand *hippopotame* antédiluvien.
Ce monstre colossal était d'un tiers au moins plus
grand que les plus forts hippopotames actuels, car
il mesurait 5 ou 6 mètres de longueur et 2 m. 50
de hauteur. L'énorme masse de son corps était supportée par des jambes très courtes mais très-épaisses,
et son ventre touchait presque à terre. Son organisation indique qu'il avait les mêmes mœurs que
l'hippopotame d'aujourd'hui, dont l'espèce unique
ne se trouve plus qu'en Afrique ; c'est-à-dire qu'il
passait la plus grande partie de sa vie dans l'eau et

se nourrissait des racines et des tiges de plantes
aquatiques qu'il broyait facilement sous ses dents
énormes. Une autre espèce d'hippopotame, dont on
a trouvé fréquemment les débris à Meudon, était
une véritable miniature, comparativement au premier, car il ne dépassait pas la taille d'un cochon.
Enfin, quelques dents fossiles trouvées près de Blaye,
dans la Charente, indiqueraient une autre espèce
encore plus petite que la précédente.

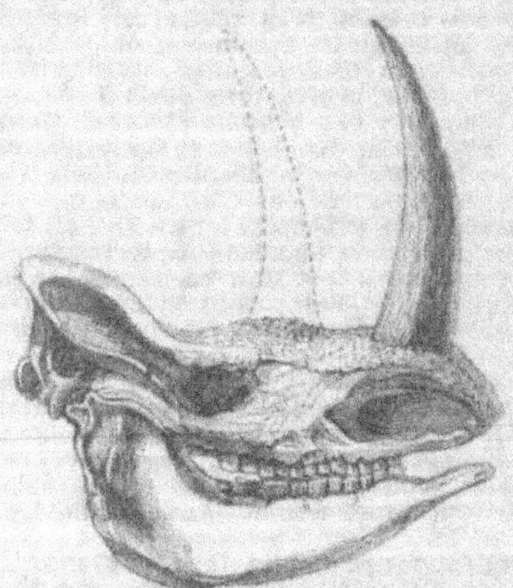

Fig. 79. — Tête de rhinocéros à narines cloisonnées.

Les *rhinocéros*, beaucoup plus nombreux dans
l'ancien monde qu'ils ne le sont aujourd'hui, présentaient, entre les diverses espèces, des différences
bien plus marquées que celles qui s'observent entre
les espèces actuelles. De nos jours, les rhinocéros
ne se trouvent plus que dans les parties chaudes de
l'Asie et de l'Afrique ; et les espèces ne diffèrent
guère entre elles que par la taille et le nombre des
cornes qu'elles portent sur le nez ; celui de l'Inde

n'a qu'une corne et sa peau est plissée, celui d'Afrique a deux cornes et n'a point de plis à la peau ; il est un peu plus grand que le précédent. A l'époque tertiaire, deux espèces de rhinocéros foulaient le sol de la France et même le territoire de Paris. L'un, le rhinocéros à narines cloisonnées, avait les narines pourvues d'une cloison osseuse qui, servant d'appui à la voûte du nez sur laquelle porte la corne, lui donnait plus de solidité. Sa tête était plus longue et plus étroite que dans les espèces actuelles et il manquait de dents incisives ; il avait sur le nez deux cornes, dont celle de devant fort grande. Ses membres étaient fort courts et très-gros. Sa peau ne formait aucun pli et était couverte d'un poil épais et crépu. En 1771, des pêcheurs trouvèrent enseveli dans la glace, sur les bords du Wilhoui, en Sibérie, le cadavre d'un de ces animaux parfaitement conservé en chair et en poils. Depuis combien de siècles était-il là ?

Le second rhinocéros à narines simples était moins grand que le précédent et ses formes moins massives le rapprochaient de notre rhinocéros d'Afrique. Il avait deux cornes comme le précédent. Plusieurs autres espèces de rhinocéros habitaient d'autres régions du globe ; tel est le petit rhinocéros dont la taille ne dépassait pas celle du cochon ordinaire. Il était donc quatre ou cinq fois plus petit que le rhinocéros à narines cloisonnées.

C'est à cette époque que parut aussi le *mastodonte*, précurseur des éléphants, qu'il surpassait en grandeur. Ses formes générales étaient les mêmes ; mais sa trompe était un peu plus courte et ses défenses, très-longues, se dirigeaient d'abord horizontalement en avant, pour se recourber en dehors. Les molaires qui, chez nos éléphants, sont formées de lames verticales, étaient chez le mastodonte, comme dans l'hippopotame, couronnées de grosses protubérances coniques. Ces dents énormes, de forme carrée, pèsent jusqu'à 5 et 6 kilog., et l'on se demande comment l'animal aurait pu supporter un semblable poids si le nombre de ces mâchelières avait été de seize, comme le croyait Buffon ; mais il devait arriver pour ces dents ce qui a lieu pour celles de l'éléphant ; elles ne poussent que successivement, se remplaçant l'une l'autre et il n'y en a

jamais plus de deux à la fois de chaque côté en
exercice.

C'est dans les terrains tertiaires des États-Unis
que l'on trouve en plus grande abondance les débris
du mastodonte, surtout sur les bords de l'Ohio, ce
qui lui a fait donner d'abord le nom d'*animal de
l'Ohio* ; on les retrouve également en Europe, mais
beaucoup moins fréquemment. Plusieurs autres
espèces de mastodontes vivaient à cette époque ;
tels sont : le mastodonte à dents étroites, d'un tiers
plus petit que le précédent, et dont les restes se
trouvent dans presque toute l'Europe ; le masto-

Fig. 50. — Mastodonte.

donte des Cordillières, le mastodonte de Humboldt,
le petit mastodonte ; ce dernier, dont on trouve les
restes en France, avait tout au plus la taille du tapir
d'Amérique.

L'un des animaux les plus extraordinaires de cette
époque, est le *Dinotherium* (animal terrible). C'est
à Eppelsheim, en Allemagne, que l'on découvrit, en
1836, une tête complète de cet animal singulier. Cette
tête, qui avait 1 m. 30 de longueur sur 1 m. de largeur, devait appartenir à un mammifère plus volu-
mineux qu'aucun de ceux qui vivent aujourd'hui, si
l'on en excepte les baleines. Cet énorme quadrupède,
intermédiaire entre le tapir et le mastodonte, devait

avoir au moins 6 mètres de longueur. Le caractère
le plus remarquable de cette espèce est la présence
de deux énormes défenses courbées vers la terre
comme celles des morses ; mais non point placées
à la mâchoire supérieure comme chez ces derniers
animaux et les éléphants. Ces défenses sont implan-
tées à l'extrémité de la mâchoire inférieure qui, à
cet effet, se recourbe en bas en décrivant un quart de
cercle, disposition qui ne se retrouve dans aucun
autre animal. L'énorme cavité destinée à recevoir
les os du nez semble indiquer que l'animal portait
une courte trompe comme le Tapir ou, tout au
moins, un groin puissant propre à fouiller la vase.
L'attache des muscles de la mâchoire inférieure et
du cou indique une force prodigieuse, bien néces-

Fig. 91. — Dinotherium

saire en effet pour supporter un poids aussi considérable. Il faut remarquer, d'ailleurs, que le dinotherium, très-voisin des tapirs, devait avoir les
mêmes habitudes aquatiques, et ce poids énorme
qui eut été si embarrassant et si pénible pour un
quadrupède vivant sur la terre ferme n'offrait plus
ce désavantage pour un animal de grande taille des-
tiné à vivre dans l'eau. Le dinotherium n'avait de
terrible que l'apparence ; car son organisation indique qu'il se nourrissait de végétaux, et ses énormes défenses devaient être employées comme une
pioche à déraciner du fond des eaux et à ramasser
les plantes aquatiques qu'il broyait sous ses puissantes molaires. Cet animal trouvait sans doute encore dans ses défenses un autre avantage pour

accrocher au rivage ou à quelque tronc d'arbre son
énorme tête ; alors ses narines étaient soutenues au
dessus de l'eau, et pendant son sommeil il pouvait
respirer avec une entière sécurité, tandis que son
corps flottait librement au dessus de la surface. Ses
dents étaient en outre pour lui de formidables instruments de défense.

C'est dans les terrains de l'étage miocène que l'on
trouve pour la première fois des ossements de cheval, aussi bien en Amérique qu'en Europe. On sait
que, lorsque les Espagnols abordèrent en Amérique,
il n'existait plus de chevaux dans ces contrées ; la
race chevaline y était donc éteinte, bien que le climat et le pays lui fussent favorables, puisqu'aujour-
d'hui aucun pays, sans même en excepter l'Ukraine,
n'est aussi riche en chevaux sauvages. Ceux-ci descendent des chevaux qu'y abandonnèrent les Espagnols, lorsqu'ils furent forcés, en 1537, d'évacuer
inopinément La Plata et Buenos-Ayres.

Le cheval fossile différait fort peu du cheval
actuel. Dans le Sud de l'Asie, on a trouvé les débris
fossiles d'une autre espèce de cheval de fort petite
taille et de formes élégantes, qui devait se rapprocher du poney d'Écosse. Un âne ou un zèbre y a
également laissé ses restes.

La famille des bœufs a aussi ses représentants
dans ces terrains ; elle présente deux espèces principales : l'une ayant aux vertèbres dorsales des apo-
physes épineuses très-longues, qui ont dû former
une bosse dans le genre de celle du bison d'Amérique ; l'autre plus trapue, plus forte que nos bœufs
actuels et se rapprochant de l'auroch ou taureau
sauvage, dont il n'existe plus aujourd'hui que quelques rares représentants dans les forêts de la Li-
thuanie. Dans diverses contrées de la France, particulièrement en Auvergne et dans le Velay, vivaient
de grands troupeaux de bœufs sauvages, dont la
taille surpassait celle de nos plus grands bœufs
domestiques. Le grand buffle habitait la Sibérie,
tandis que ses représentants vivent aujourd'hui en
Égypte, en Abyssinie et en Italie. On trouve dans
les terrains tertiaires de la Hongrie et de l'Italie des
cornes fossiles de 2 à 3 mètres de long.

La Grèce a fourni des débris d'antilope dont la
famille est aujourd'hui confinée dans le sud de

l'Afrique. Celle des cerfs a laissé de nombreux débris fossiles en Europe. Une espèce avait la taille du chevreuil ; une autre, dont les restes se trouvent en abondance en Auvergne et dans le Velay, avait des bois longs de seize décimètres.

Un dromadaire voisin de l'espèce actuelle habitait l'Asie, et la girafe, aujourd'hui confinée au centre de l'Afrique, a laissé ses os dans les terrains tertiaires de la France.

On a découvert dans l'Inde anglaise, au pied du

Fig. 81. — Siwatherium.

versant méridional de l'Himalaya, la tête osseuse d'un énorme animal, non moins singulier que le dinotherium : on l'a nommé *Siwatherium*, du nom d'une idole (Siwa) adorée dans cette contrée. D'après les dimensions du crâne il devait avoir la taille d'un éléphant ; la conformation de ses dents dénote un herbivore, et même un ruminant, mais les autres parties de sa tête ne présentent d'analogie avec aucun autre animal connu. Le crâne très-relevé, très-élargi en arrière, portait deux paires de cornes, l'une plus petite, située au dessus des yeux

et l'autre tout à fait en arrière. Il avait de grandes
lèvres mobiles comme le rhinocéros, le cou court,
le corps massif et les membres solidement con-
struits. Quelques-uns y ont vu une espèce d'antilope
gigantesque, d'autres un pachyderme cornu.

Mais, à mesure que se propageaient les races
herbivores, apparaissaient aussi de nouvelles espèces
carnassières, destinées à maintenir leur multiplication dans de justes limites.

A la tête des félins de cette époque, figurait un
grand lion dont on a retrouvé les ossements en Allemagne et dans le bassin de Paris. D'une taille
bien supérieure à celle de nos lions actuels, il devait
répandre la terreur dans les contrées qu'il habitait.
Plusieurs autres espèces de cette famille sangui-
naire vivaient à cette époque.

Fig. 82. — Smilodon.

L'une des plus remarquables, le chat gigantesque,
égalait la taille des plus grands bœufs. Ses énormes
mâchoires étaient garnies de dents aiguës longues
de quinze centimètres ; ses pattes monstrueuses
étaient armées de griffes rétractiles crochues,
pointues et tranchantes en dessous et qui n'avaient
pas moins de vingt centimètres de longueur. On
comprend qu'un semblable animal ne devait pas
craindre de s'attaquer au mastodonte ou au dino-
thérium.

Le tigre fossile d'Auvergne, de la taille d'un cheval, la panthère parisienne et le *mégantherion*, espèce
de léopard, complètent la famille de ces terribles
carnassiers en France.

A la même époque, vivait au Brésil le plus étrange
de tous les animaux carnassiers antédiluviens, le

*smilodon*. Il atteignait la taille d'un grand âne et avait les formes générales d'une panthère ; mais ses canines supérieures, prenant des proportions extraordinaires, descendaient en forme de défenses comme celles du morse. Ces dents formidables, qui n'ont pas moins de vingt centimètres de longueur et quatre centimètres de largeur à la base, sont cylindriques d'abord, puis, à partir du tiers de leur développement, elles deviennent triangulaires et l'angle tourné en dedans est saillant, tranchant et finement dentelé. Ces poignards barbelés comme le kris javanais devaient faire des blessures terribles.

Outre les carnassiers de l'étage précédent, raton, coati, genette, chien, renard, vivait dans le bassin parisien une grande mangouste qui probablement se cachait parmi les joncs des marais pour y surprendre les paleothérions, les anoplothérions et autres herbivores fréquentant ces parages. Ses mâchoires extrêmement vigoureuses, garnies de dents tranchantes, en faisaient un animal très-redoutable.

Là vivait également un loup gigantesque qui devait être un terrible chasseur, car il atteignait presque la taille du cheval.

En Auvergne et dans le Val d'Arno, errait un grand ours, plus grand que notre ours brun des Alpes ; il était frugivore comme lui. Deux autres espèces plus petites habitaient les cavernes de l'Auvergne et les cavités des gros arbres de cette contrée.

Le soulèvement du terrain miocène avait nonseulement relevé les contrées qui s'étaient affaissées lors de l'apparition du terrain parisien, mais encore avait lancé au dehors les masses énormes de granit qui constituent la charpente du Mont-Blanc, du Mont-Rose et de plusieurs autres montagnes alpestres. Lorsque le calme se fut un peu rétabli, commencèrent à se déposer les couches de l'étage supérieur tertiaire ou pliocène. Des alluvions, composées de galets, de sables et d'argiles entraînés par les eaux, comblèrent les lacs intérieurs, et, dans le même temps, une épaisse couche de sable se déposait au fond de la mer, sur l'emplacement qui forme aujourd'hui les landes de Gascogne. Dans tout l'espace qui s'étend le long des Apennins, du Piémont à la Calabre, se formèrent des dépôts de sables ferrugineux, de gravier, d'argile et de marne bleuâtre remplie de coquilles. Les sept collines basaltiques sur lesquelles est assise Rome appartiennent à cette époque. Elles furent amenées au jour par un brusque mouvement de dislocation qui, en même temps, souleva la chaîne principale des Alpes, (celle qui s'étend sans interruption du Valais en Autriche) brisa entre Brest et le cap Lizard l'isthme qui reliait l'Angleterre à la France, et peut-être aussi celui qui rattachait l'Espagne à l'Afrique.

Pendant l'époque tertiaire, les éruptions de matière ignée paraissent avoir eu une intensité et une durée considérable, dont témoignent les volcans éteints de l'Auvergne, du Velay, en France, des bords du Rhin, de l'Asie Mineure, de l'Islande, etc. Nous avons vu, pendant la période secondaire des épanchements des roches serpentines remplacer peu à peu ceux des granits et des porphyres ; pendant la période tertiaire, les éruptions des roches vertes diminuent graduellement elles-mêmes, pour céder la place aux roches volcaniques proprement dites, les basaltes et les trachytes, qui ont le plus grand rapport avec les laves que vomissent encore aujourd'hui les volcans en activité. Les terrains volcaniques sont pour la plupart contemporains des sédiments tertiaires. Rome et Naples sont bâties sur un sol volcanique ; l'île de France et Bourbon ne sont que des pitons volcaniques émergés du fond de l'Océan, ainsi que la plupart des îles de la Polynésie.

Les nappes basaltiques, qui s'épanchent au dessus des terrains qu'elles ont traversés, présentent souvent une particularité singulière. Par un effet du retrait, c'est-à-dire de la diminution de volume due à leur refroidissement, les basaltes, en se modifiant, se fendent suivant la direction verticale, et ces fentes, en s'entrecroisant d'une manière régulière, découpent en quelque sorte la masse en colonnes prismatiques et généralement hexagonales, qui, lorsque cette masse est épaisse, présentent une grande hauteur. Les nappes basaltiques les plus importantes, en France, se trouvent dans le Cantal et dans l'Ardèche. Parfois, la surface de ces nappes basaltiques,

Fig. 81. — La chaussée des géants, en Irlande.

dépouillée de la terre et des matières qui les recouvrent, offre l'aspect d'un pavage gigantesque ; de là le nom de *chaussée des géants* donné aux roches qui présentent cette configuration remarquable.

Lorsque les colonnes basaltiques sont situées au bord de la mer, il arrive souvent que les flots, en pénétrant entre leurs interstices, finissent par emporter des rangées entières de colonnes, et par former, entre celles qui restent debout, un canal que recouvre un toit supporté par d'innombrables pilastres. C'est ce qui est arrivé dans la célèbre grotte de Fingal, située dans l'île de Staffa, l'une des Hébrides. D'autres fois, les colonnes de basalte, brisées à différentes hauteurs, rappellent l'idée d'un immense jeu d'orgues.

Les anciens ont souvent employé le basalte dans leurs édifices, surtout à l'état de colonnes, de vasques, etc., et pour paver les grandes voies. Une roche que la dernière formation de l'âge tertiaire a vue se produire, et dont le dépôt se continue jusque dans l'âge suivant, le tuf calcaire ou travertin joue également un grand rôle dans l'art des constructions, surtout en Italie. Cette pierre est poreuse, tendre au point de se laisser couper au couteau, mais elle prend bien le mortier et durcit considérablement à l'air. C'est de ce travertin qu'ont été édifiés la plupart des anciens monuments de Rome ; c'est de lui qu'est faite cette fameuse voûte du grand égout bâti sous les Tarquins, qui existe depuis deux mille cinq cents ans sans qu'aucune réparation y ait jamais été faite. C'est également en travertin qu'a été construit le Colisée.

C'est à ces mêmes terrains volcaniques qu'on doit la pouzzolane, dont était fait le ciment romain. La pouzzolane est une cendre brune ou rougeâtre agglutinée, durcie, mais facile à désagréger. Celle de Pouzzoles était surtout renommée et c'est de là qu'est venu le nom que porte la roche.

# CHAPITRE XV



PÉRIODE CONTEMPORAINE. — ÉPOQUE QUATERNAIRE

Les commotions qui mirent au jour le dernier
étage de l'époque tertiaire et qui produisirent des
soulèvements tels que les chaînes de la Corse et de
la Sardaigne, celles des Alpes, de l'Himalaya, des
Andes, durent entraîner le déplacement de masses
d'eau énormes. On peut se faire une idée des perturbations que devaient occasionner ces épouvantables inondations. Les eaux, se précipitant dans les
parties basses, balayant tout sur leur passage, em-
portaient les terrains meubles et friables en traçant
d'énormes sillons, et couvraient le sol tantôt de
galets et de débris de roches, comme dans les plaines
de la Camargue et de la Crau, tantôt d'argile et de
terre végétale, comme dans la vallée du Rhône.

Ces alluvions anciennes se rencontrent en tous
lieux, surtout dans les vallées actuelles ; et les rivières qui les sillonnent ne seraient que les restes
des grands courants diluviens qui ont creusé ces
vallées et formé ces dépôts, auxquels on a donné le
nom de *diluvium*.

Ces déluges immenses durent en effet avoir lieu
sur presque tous les points du globe, et, sans doute,
l'homme primitif fut à la fois spectateur et victime
du dernier de ces cataclysmes, dont tous les peuples
semblent avoir conservé l'effrayant souvenir.

Le *diluvium* est un terrain de transport composé

de matières arrachées aux couches antérieures et sous-jacentes, remaniées et brisées par les courants et par les eaux. Il se subdivise en trois assises distinctes, quant à leur âge et à leur composition, et que l'on peut considérer comme marquant trois époques successives de la même période : 1° le diluvium gris, 2° le loess, 3° le diluvium rouge.

Le diluvium gris existe habituellement dans les vallées, où sa puissance moyenne est de 10 à 15 mètres. Il est composé de graviers, de sables, de fragments de roches arrachés aux collines environnantes, le plus souvent mêlés en désordre. Ce terrain de transport existe dans toutes les contrées du globe ; les éléments qui le composent sont naturellement différents suivant la nature des couches environnantes, mais le mode de déposition et les fossiles sont exclusivement propres à l'époque quaternaire ; la plupart des espèces n'existent plus actuellement, elles n'existaient pas antérieurement.

Au dessus du diluvium gris est une couche argilo-sableuse à grains très-fins ou un limon pulvérulent de couleur jaunâtre. C'est le *loess*. Sa puissance est parfois très-grande et peut aller jusqu'à une centaine de mètres. On y trouve un très-grand nombre de coquilles terrestres et fluviatiles dont la plupart existent encore de nos jours. Il doit évidemment son origine à des dépôts d'eau douce, formés tranquillement d'une manière analogue à la vase qui se forme au fond des lacs, des marais, des cours d'eau douce.

Dans un très-grand nombre de localités on voit au dessus du loess une formation composée de cailloux, de gros graviers empâtés dans de l'argile rouge. Elle repose soit sur le diluvium gris, soit sur le loess, c'est le *diluvium rouge* ; il est étendu d'une manière générale sur le fond et sur le flanc des vallées déjà en partie comblées. Ces caractères généraux se retrouvent dans toutes les contrées du globe, d'une manière à peu près constante.

Ces dépôts diluviens sont dus, tantôt à un envahissement momentané des plaines basses par les eaux de la mer, tantôt à l'irruption des eaux douces, jusque là retenues dans des lacs alpestres dont les digues sont brisées. Enfin plusieurs de ces effets et des plus considérables, peut-être, sont dus à cette

phase du diluvium à laquelle les géologues ont donné
le nom d'époque glaciaire, dont nous parlerons plus
loin.

Toutes les vallées que recouvre le diluvium sont
très riches en fossiles et surtout en ossements de
mammifères. En certains endroits on rencontre de
véritables nécropoles de ces êtres disparus. On dirait
que tous à la fois se sont enfuis devant un ennemi
commun, surpris sans doute par l'inondation ou entraînés par les eaux qui les ont tous atteints, enve-
loppés et fixés sur place. Les animaux dont on retrouve le plus abondamment les restes sont le
mammouth, son fidèle compagnon le rhinocéros
à narines cloisonnées, l'hippopotame, l'auroch,
le buffle, le cheval, le cerf, un grand castor. Mêlés
à ces débris et surtout dans les cavernes, se trouvent des ossements de carnassiers : panthère,
hyène, ours, loup, renard, etc. Toutes ces espèces
sont plus grandes que leurs congénères actuelles
et on rencontre partout leurs débris accumulés. Ce
qui ajoute à l'intérêt de ces dépôts c'est que quelques-uns offrent la trace évidente de l'existence de
l'homme.

C'est à M. Boucher de Perthes que revient l'hon-
neur d'avoir fait le premier cette importante découverte, qui a produit une si vive sensation dans le
monde savant. Il découvrit dans le diluvium gris
aux environs d'Abbeville et d'Amiens des silex taillés de main d'homme et des ossements de mammifères, sur lesquels on reconnaît la trace de l'industrie
humaine. Ce fait qui s'est reproduit depuis, dans
un grand nombre de localités, et surtout dans les
cavernes à ossements, prouve d'abord la contemporanéité du diluvium et de ce limon des cavernes; il
prouve en outre que l'existence de l'homme est antérieure à la formation du diluvium.

Les cavernes sont des cavités souterraines se prolongeant plus généralement dans le sens horizontal
que dans le sens vertical, et se partageant en un
plus ou moins grand nombre de chambres ou cou-
loirs alternatifs, et souvent à des niveaux différents.
Le sol et les parois de ces cavernes sont recouverts
de plusieurs sortes de dépôts ; les unes sont les effets
d'une cristallisation aqueuse, les autres sont des
sédiments, d'autres enfin, consistent dans des amas

Fig. 85. — Les stalactites de la grotte d'Antiparos.

de corps fossiles, particulièrement en ossements de
mammifères.

L'eau, traversant les roches calcaires poreuses, a
la propriété de dissoudre du carbonate de chaux et
de le déposer le long des parois ou à la voûte des
grottes et des cavernes, sous forme de stalactites et
de stalagmites [1]; c'est surtout dans les grottes et
cavernes à ossements que ce phénomène se rencontre, et c'est à l'abondance des stalactites et aux
formes bizarres qu'elles affectent souvent, que ces
grottes doivent leur célébrité. La couche stalagmi-
tique qui recouvre le sol de ces cavernes est quelquefois très-épaisse, selon l'abondance des infiltrations à travers la roche calcaire.

Au dessous de cette couche de stalagmites se
trouvent des limons, des sables, des graviers, des
cailloux roulés et des débris fragmentaires des
roches dans lesquelles les cavernes sont creusées. Ce
qui rend surtout remarquables les cavernes à ossements, c'est l'abondance et la belle conservation des
fossiles que l'on y rencontre. Les espèces de mammifères y sont complètement analogues ou identiques à celles que l'on trouve dans le diluvium ;
on peut donc regarder ces deux effets comme corré-
latifs. Les cavernes et les grottes préexistantes
furent envahies par les eaux diluviennes qui y lais-
sèrent les graviers, les limons, et les ossements diluviens. Dans d'autres cas, les animaux d'espèces
différentes, fuyant les flots envahissants, ont pu se
réfugier pêle-mêle dans ces mêmes cavernes, où les
eaux les submergèrent. Ainsi, l'on voit accolés et
entassés les uns près des autres des os de rongeurs
et des ossements de grands carnassiers avec des débris de pachydermes et de ruminants.

Dans ces mêmes cavernes, on a découvert des
silex taillés de main d'homme, des ossements humains et quelquefois des objets de l'industrie humaine primitive. Tous ces objets se trouvent enfouis
dans le limon des cavernes avec les restes d'ours,

[1] On nomme *stalactites* les aiguilles ou cônes suspendus à la
voûte par leur base, et *stalagmites* celles qui s'élèvent du sol, formées par l'écoulement de l'eau chargée de carbonate le long des
stalactites. A la longue, et, par suite de leur accroissement continu
l'une vers l'autre, ces aiguilles se rejoignent et forment d'énormes
colonnes qui décorent majestueusement les grottes et les cavernes
souterraines.

d'éléphants, de rhinocéros, d'hyènes, de chevaux, de
ruminants, et sur un grand nombre de ces ossements on a découvert des traces d'instruments
tranchants qui ne peuvent provenir que de la main
de l'homme. Ces faits sont plus que suffisants pour
témoigner de la contemporanéité de l'homme avec
les espèces d'animaux dont les ossements se trouvent
enfouis à côté des siens dans les cavernes osseuses.
Toutes les parties du monde ont offert des cavernes
à ossements et dans un grand nombre d'entre elles
on a reconnu des traces de l'homme primitif.

Pendant la période quaternaire, la terre commence
à présenter l'aspect qu'elle offre aujourd'hui, mais

Fig. 86. — Mammouth.

dans toute sa beauté vierge et sauvage, car la main
de l'homme ne l'a pas encore dégradée.

Les fleuves qui n'ont pas encore creusé leurs lits
actuels coulent en larges nappes sur de vastes espaces et souvent forment des lacs ou des étangs
limités par des obstacles que leurs eaux détruiront
plus tard. Sur leurs bords croissent des peupliers
et des saules; dans les bois s'élèvent des chênes, des
ormes, des frênes, des bouleaux, en général tous les
végétaux qui aujourd'hui couvrent la terre ou au
moins des espèces analogues. De vertes graminées
tapissent les prairies émaillées de fleurs sur lesquelles butinent une foule d'insectes.

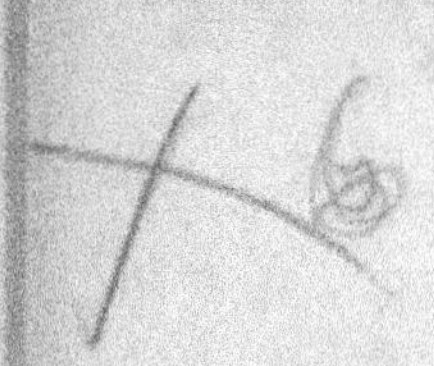

A cette époque, de véritables éléphants ont remplacé les mastodontes ; ils existent en troupes nombreuses et foulent de leurs larges pieds les diverses contrées de l'Europe. Ces animaux étaient si nombreux dans certaines contrées du Nord, qu'on y trouve leurs ossements en quantité prodigieuse et que leurs défenses sont depuis des siècles l'objet d'un commerce important entre la Sibérie et la Chine. L'espèce principale — car on en distingue plusieurs — est l'*Elephas primigenius* connu sous le nom de mammouth ; il dépassait en grandeur les plus forts éléphants. Ses formes générales étaient à peu près celles de l'éléphant de l'Inde, mais son corps était plus lourd et plus trapu ; sur son cou flottait une longue crinière noire se prolongeant sur l'épine du dos et son corps était couvert d'une fourrure de laine touffue et roussâtre qui devait le garantir du froid. Ses défenses beaucoup plus longues que celles de nos éléphants — quelques-unes atteignaient quatre mètres — se dirigeaient en dehors et se recourbaient en dessus.

En 1800, on trouva sur les bords de l'Alascoia, près de l'Océan Glacial, le cadavre d'un mammouth enseveli dans la glace et dans un état de conservation aussi parfaite que celui du rhinocéros velu dont nous avons parlé plus haut, et dont les ossements se trouvent souvent mêlés avec les siens.

Ce sont ces os de grands mammifères, qui, pris pour des ossements humains, ont donné lieu aux prétendues découvertes de tombeaux de géants dont parlent les auteurs de l'antiquité et du moyen-âge.

Le cheval, rare encore à l'époque tertiaire, s'est considérablement multiplié comme le prouve l'abondance de ses ossements dans tous les terrains quaternaires de l'Europe et même de l'Amérique. Une espèce perdue, l'*Hippotherion*, qui ressemble à un petit âne, est beaucoup plus rare, on n'a encore retrouvé son squelette que dans les plaines diluviennes de l'Allemagne.

L'auroch et l'urus, ancêtres de nos bœufs domestiques, vivaient en troupes nombreuses sur le sol de la France. Une espèce de bœuf musqué se rencontre à l'état fossile dans le nord de l'Europe. Cet animal est aujourd'hui confiné dans l'Amérique

septentrionale. Son chanfrein fortement busqué,
l'absence de mufle, ses deux sortes de poils, le rapprochent des moutons, et il forme ainsi le passage
entre ceux-ci et les bœufs auxquels il appartient par
son organisation générale.

Le renne, confiné aujourd'hui dans les régions
boréales, vivait jadis dans des pays beaucoup plus
méridionaux ; on a retrouvé ses restes en Allemagne
et jusque dans la vallée de la Somme. L'élan et le
daim existent également à l'état fossile.

Fig. 87. — Cerf géant.

Un des plus beaux animaux de cette époque a dû
être le *cerf géant* dont les débris se trouvent fréquemment dans les dépôts diluviens et les tourbières de
l'Irlande. Ses bois qui ont de l'analogie avec ceux de
l'élan ont jusqu'à deux mètres de longueur et ils sont
tellement divergents, que, mesurés d'une extrémité
à l'autre, ils présentent un écartement de 3 1/2 à 4
mètres. Le crâne avec les bois pèse de 35 à 40 kilogrammes. Les puissantes articulations du talon indiquent que le cerf géant était conformé pour s'é-

lancer par bonds prodigieux. Quel beau gibier pour
l'homme qui était son contemporain! car on a trouvé
dans une tourbière, près de Dublin, une peau de cet
animal, sans le squelette, et l'on voit dans le musée
de cette ville une de ses côtes transpercée par une
flèche.

A côté de ces grands mammifères vivaient de
petits rongeurs, entre autres une souris dont les
ossements se trouvent en certains points par masses
considérables; des brèches osseuses en sont complétement remplies. Le *lagomys* ou lièvre-rat, qui vit
actuellement dans la Sibérie, a laissé ses restes en
abondance dans les terrains qui bordent la Méditerranée, circonstance singulière puisque ce petit

Fig. 88. — Megatherium.

animal ne dépasse pas aujourd'hui la limite de la
région des neiges.

Mais c'est dans l'Amérique du Sud qu'on a trouvé
les derniers survivants de ces races éteintes de l'ancien monde, regardées à tort comme imparfaites et
comme les ébauches des créations plus perfectionnées qui les ont suivies. Parfaites à leur époque et
parfaitement appropriées aux conditions physiques
au milieu desquelles elles vivaient, elles durent
périr quand elles ne se trouvèrent plus en harmonie avec le milieu qu'elles avaient à habiter. Tels
sont ces gigantesques tatous et ce colossal megatherium dont on a retrouvé les ossements au milieu des
sables diluviens du Paraguay.

Le *Megatherium* se rapprochait beaucoup des

Bradypes ou Paresseux, qui vivent encore aujourd'hui en Amérique et dont la singulière organisation les distingue de tous les autres mammifères. Leurs membres antérieurs ont au moins deux fois la longueur des membres postérieurs; la conformation de leur bassin, qui ne leur permet pas de rapprocher les genoux, et le mode désavantageux de l'articulation de leur pied avec la jambe, sur laquelle ce pied tourne comme une girouette sur son pivot, entravent leur marche à tel point qu'ils se traînent péniblement à terre sur les coudes, et ne pourraient faire cent pas en un jour; de là le nom de *paresseux*; ils sont cependant beaucoup plus agiles sur les arbres, où ils passent une partie de leur vie. Privés d'incisives et de canines, sans moyen d'attaque ni de défense, ils sont appelés à disparaître de la liste des êtres actuels.

Le megatherium ressemblait donc au paresseux sous certains rapports, mais il était beaucoup mieux partagé que lui. D'abord sa taille égalait celle de l'éléphant, et bien que, comme le paresseux, il n'eût ni incisives ni canines, il était solidement armé défensivement et offensivement. Il avait la tête des bradypes, mais plus allongée et terminée par une espèce de courte trompe comme le tapir; la mâchoire inférieure, très développée, logeait d'énormes molaires très propres à broyer les racines ou les branchages dont il faisait sa nourriture. Ses membres, moins disproportionnés que ceux du paresseux, étaient énormes et très-écartés entre eux, de manière à pouvoir soutenir son corps colossal qui était, au dire de quelques savants, revêtu d'une cuirasse écailleuse comme celui du tatou. Ses pieds avaient près d'un mètre de long, et ils étaient armés d'ongles gigantesques. Sa queue énorme était également couverte d'une armure et assez longue pour lui servir de point d'appui.

Ainsi grossièrement construit et pesamment armé, il ne pouvait ni courir, ni sauter, ni grimper, ni se creuser un terrier sous le sol; et, dans tous ses mouvements il devait être nécessairement d'une lenteur extrême. Mais il n'avait besoin ni d'une locomotion rapide puisque, ne se nourrissant que de racines, il était à peu près stationnaire; ni d'agilité pour fuir ses ennemis, puisque son corps était enfermé comme

dans une cuirasse et que d'un seul coup de son pied
ou de sa queue, il pouvait assommer le jaguar ou
le crocodile. Quel ennemi eut osé attaquer ce Lévia-
than des Pampas?

Le *Megalonyx* était un grand tatou de la taille
d'un bœuf. Bien qu'il vécût de racines, comme le
megatherium, ses dents indiquent qu'il s'accommo-
dait très-bien par occasion d'une nourriture animale, comme les tatous, et il est probable qu'en
fouissant pour chercher des racines charnues, s'il
venait à déterrer quelque reptile, il ne manquait pas

Fig. 82. — Mylodon.

d'en faire sa proie. Son nom de megalonyx lui vient
de la longueur de ses ongles qui recourbés en dessous, comme dans le paresseux, devaient le forcer
à marcher en s'appuyant sur la tranche extérieure
du pied.

L'histoire de cet antique animal offre cette particularité curieuse qu'il a été décrit d'abord par Jeffer-
son, l'ancien Président des États Unis, qui fut averti
de sa découverte par Washington. On aime à retrouver
dans les sciences le nom de ces hommes qui ont joué
un si beau rôle dans l'histoire de leur pays.

Le *Mylodon*, ainsi nommé à cause de ses dents en

forme de meules, était encore un édenté, un paresseux gigantesque ; sa taille égalait celle du rhinocéros. Comme les précédents il se nourrissait de substances végétales. Un *tamanoir* géant a également laissé ses débris dans les plaines diluviennes du Brésil.

Cuvier a décrit, d'après quelques ossements, le *pangolin* du monde primitif comme un animal de 8 mètres de long, tandis que les espèces vivantes atteignent tout au plus le dixième de cette taille.

C'est dans les dépôts lacustres du diluvium qu'ont été découverts les restes de cette curieuse salamandre, longtemps regardée comme un fossile humain, et décrite par le médecin Scheuchzer comme un homme témoin du déluge. « C'est une des reliques les plus rares, dit-il, de cette race maudite qui fut ensevelie sous les eaux. »

L'examen de cette empreinte fort incomplète suffit à Cuvier pour juger, avec ce coup d'œil du génie, que le prétendu homme fossile n'était qu'une salamandre gigantesque d'espèce inconnue. Pour confirmer cette opinion, il dessina le squelette de l'animal. Le résultat justifia ses prévisions d'une manière éclatante. Ayant eu plus tard la faculté de creuser dans la pierre qui contenait ce vieux témoin du déluge, il retrouva en présence de plusieurs savants distingués une partie des os que son dessin avait annoncés d'avance. Cette salamandre fossile paraît se rapprocher de la grande salamandre (*megatriton*) qui habite actuellement les eaux du Japon, et qui acquiert un mètre de long.

A cette époque encore on doit rapporter l'existence de l'*aptérix* et du *dinornis*, oiseaux gigantesques, dont la Nouvelle-Zélande a fourni les restes en nombre considérable.

L'aptérix, dont l'espèce offre encore aujourd'hui de très-rares échantillons réduits à la taille d'une poule, égalait l'autruche en hauteur. Rien de bizarre comme l'aspect de cet oiseau : point de queue, des rudiments d'ailes impropres au vol, un plumage ressemblant plutôt à une fourrure et un long bec ; le tout posé sur de grosses et courtes pattes de gallinacé.

Le dinornis, dont on a retrouvé des squelettes complets, était un oiseau intermédiaire entre le casoar et l'aptérix ; sa taille atteignait quatre mètres, et, pendant plusieurs années, on voulut voir dans ses os les restes de quelque grand ruminant.

L'*épiornis*, autre oiseau colossal, a laissé ses traces dans l'île de Madagascar où l'on trouve parfois ses œufs, d'une capacité de neuf à dix litres, entre les mains des indigènes qui les emploient comme ustensiles de ménage.

Enfin l'Ile de France a révélé le *dronte*, oiseau lourd et gros, incapable de voler, caractérisé sur

Fig. 90. — Dinornis.

tout par un énorme bec recourbé occupant presque toute la tête.

Dès le commencement de l'époque tertiaire, nous avons signalé une différence dans les climats de la surface du globe. Ce changement s'est de plus en plus fait sentir, et à l'époque quaternaire l'on distingue comme aujourd'hui des régions polaires et des régions équatoriales habitées par des végétaux et par des animaux d'espèces différentes.

Les paresseux gigantesques et les pangolins que

l'on trouve à l'état fossile n'ont habité que l'Amérique
où vivent encore aujourd'hui leurs descendants
dégénérés ; — les grandes espèces sont perdues. —
Les marsupiaux fossiles de cette époque ne se trouvent non plus que dans les contrées qui produisent
les espèces vivantes, dans l'Amérique et l'Australie.
Si l'on voit encore des rhinocéros et des éléphants
dans les contrées septentrionales, ils sont revêtus
d'épaisses fourrures qui les garantissent du froid,
et l'on a trouvé entre les dents de ces animaux ensevelis dans la glace, des débris de branches de pin et
des graines de blé noir qui nous révèlent un climat
rigoureux.

Les polypiers nous fournissent un moyen facile
autant que curieux de nous rendre compte de la
marche successive du refroidissement de la surface
terrestre. De nos jours, les polypes créent encore
incessamment des récifs madréporiques dans les mers
équinoxiales : mais là seulement ils peuvent vivre,
parce qu'une haute température est indispensable à
leur existence. Dans les premiers terrains où s'est
manifestée la vie, on trouve des polypiers dans les
régions polaires comme dans les autres contrées du
globe. Plus tard ils s'éloignent du pôle ; à l'époque
crétacée, ils ne dépassent pas la zone qu'occupe
aujourd'hui le Danemarck ; et dans les époques suivantes, ils sont de plus en plus concentrés entre les
tropiques, d'où aujourd'hui ils ne peuvent plus
s'écarter.

L'époque du diluvium présente un phénomène
très-singulier, c'est celui des *blocs erratiques*. Ce
sont des rochers épars, d'un volume souvent considérable, que l'on voit disséminés en grand nombre
dans toutes les contrées du nord, le plus souvent
accumulés sur de grandes plaines ou dispersés en
longues traînées sur les pentes des collines ou des
montagnes. Ces blocs erratiques sont étrangers au
sol sur lequel ils reposent, et, généralement, a
une distance considérable du lieu de leur gisement
primitif.

Il a évidemment fallu, pour effectuer ces trans-
ports, des causes différentes et beaucoup plus puissantes que celles qui agissent aujourd'hui. Quelques-
uns de ces blocs mesurent plusieurs centaines de
mètres cubes et doivent peser plus de trois cents

mille kilogrammes. Leurs dimensions augmentent,
généralement, à mesure qu'on avance vers le nord.
Il est facile de reconnaître le lieu d'où proviennent
ces roches, non-seulement par leur nature minérale,
mais encore parce qu'elles ont été déposées à différentes distances dans la même direction. Cette direction est constante, du nord au sud, ou dévie lé-

Fig. 91. — Roches striées.

gèrement au sud-ouest ou au sud-est, et ces blocs,
souvent distants de plusieurs centaines de kilomètres
de leur point de départ, ont dû presque toujours
traverser des vallées profondes ou des bras de mer.
En outre, ils ont laissé la trace de leur passage en
glissant le long des roches, lorsque celles-ci étaient
assez dures pour conserver longtemps les marques
imprimées à leur surface ; ce sont des stries paral-

lèles, des sillons, des traces polies, dont la direction
correspond toujours avec celle qu'ont suivie dans
leur marche les gros blocs erratiques. On a pu constater ainsi, que les énormes roches granitiques
qui couvrent le Danemarck et la Prusse provenaient
des montagnes scandinaves, et que celles qui se
trouvent dans le nord de la Russie, jusqu'à Moscou
et aux Monts Ourals, viennent de la Finlande et de
la Laponie.

Toute la partie septentrionale de l'Amérique du
Nord est semée de ces blocs erratiques. Ils sont
tous au sud et au sud-est des montagnes d'où ils
proviennent.

Ils jonchent les plaines et les plateaux de l'ancien
et du nouveau monde. Partout les hauteurs les
ont arrêtés et ils ont échoué sur les flancs septen-
trionaux des montagnes, tandis que les terres ouvertes et basses leur ont livré passage. D'immenses terrains de transport formés de sables, de graviers, de
cailloux, de limon, de détritus de toutes sortes, et
dans lesquels se trouvent incrustés les blocs erratiques, recouvrent de vastes contrées, et forment,
tantôt de grandes plaines horizontales, tantôt des
collines allongées du nord au sud. Les steppes de la
Russie, les sables de la Campine, la couche argileuse et sableuse qui recouvre la Hollande sur
une épaisseur de 150 à 200 mètres appartiennent à
ce dépôt.

Le mode de transport de ces blocs énormes et de
ces masses de cailloux roulés, qui couvrent surtout
les parties septentrionales de l'hémisphère boréal
ont fait le sujet de grandes discussions. Quelques
géologues ont pensé que ces blocs ont pu être charriés par un énorme courant, dont la puissance était
accrue par la masse de matières terreuses qu'il te-
nait en suspension. D'autres pensent que ces
énormes rochers n'ont pu être transportés que par
des bancs de glaces détachés des glaciers et poussés
vers le sud.

On ne peut admettre, en effet, que ce transport
soit dû à la seule action des eaux; quelque violente
qu'on la suppose, elle n'aurait pu déterminer la production de ces stries et de ces sillons creusés dans
le roc. Elle n'expliquerait pas le parallélisme et la
direction de ces blocs. En outre la plupart d'entre

eux ont conservé leurs arêtes, aussi vives que s'ils
venaient d'être arrachés des bancs dont ils faisaient
partie; ce qui prouve suffisamment qu'ils n'ont pas
été roulés par les flots à la place qu'ils occupent, car,
dans ce cas, leurs angles seraient nécessairement
arrondis. Le système qui attribue le transport des
blocs erratiques à des montagnes de glace détachées
du glacier polaire est le plus admissible et le plus
généralement adopté aujourd'hui. Suivant toute apparence, le glacier polaire arctique s'est avancé à
une époque bien au-delà de ses limites actuelles, et
a recouvert d'un épais manteau de glace la presqu'île
scandinave, la Finlande et la Laponie. Ces pays
devaient subir les mêmes phénomènes glaciaires

Fig. 92. — Transport des blocs erratiques.

auxquels est soumis maintenant le Groënland,
qui, comme on sait, est un vaste continent inconnu,
enseveli sous une masse continue et colossale de
glace, qui s'avance constamment en descendant vers
la baie de Baffin.

Au fond des fiords ou baies qui échancrent la côte,
on voit la glace s'élever presque à pic du niveau de
la mer à une hauteur de 600 mètres, au delà de laquelle la glace de l'intérieur monte d'une façon
continue aussi loin que l'œil peut la suivre. C'est par
ces fiords que la glace s'avance en blocs énormes
de plusieurs kilomètres de large et de 3 à 400 mètres de hauteur ou d'épaisseur. Quand ces masses
atteignent le fond des baies, elles ne se fondent pas

et ne se brisent pas en fragments, mais elles continuent leur course et pénètrent dans l'eau salée en
restant solides et raclant le fond qu'elles doivent
polir et entailler. A la longue, quand elles plongent
assez pour flotter, il s'en détache d'énormes morceaux qui remplissent la baie de Baffin de montagnes de glace, qui contiennent souvent des pierres,
du sable et de la boue. Tous les navigateurs en ont
rencontré, et quelquefois tellement mêlées de terre
et de pierres et surchargées de rochers, que la glace
en devenait presque invisible.

Fig. 93. — Marche progressive    Fig. 94. — Réunion de plusieurs
d'une moraine.                        moraines.

Ce serait donc des phénomènes analogues à ceux
qui ont lieu actuellement, — quoique sur une plus
petite échelle, — dans nos glaciers modernes, qui
auraient produit les effets grandioses de l'Époque
glaciaire. Des radeaux de glace porteurs de blocs
erratiques, ont dû traverser la Baltique, — ou
plutôt la vaste mer qui occupait toute la région
septentrionale — comme ceux qui partant du
pôle, viennent encore aujourd'hui échouer sur les
côtes de l'Amérique et de l'Islande.

Quant à ceux que l'on trouve autour des Alpes et
des autres grandes chaînes de montagnes et dont la
direction semble en opposition avec celles des blocs

erratiques du Nord, ils sont dus au transport par les glaciers particuliers qui, à cette époque, occupaient sur leurs flancs une bien plus grande étendue, comme le prouvent les moraines successives qu'ils ont laissées en se retirant, et qui s'étendent, d'une part, à travers la grande vallée suisse jusqu'au Jura, et de l'autre, jusque dans les vallées du grand bassin du Pô.

Il est hors de doute qu'à cette époque reculée, les glaciers de l'hémisphère boréal ont, sous l'influence d'un froid excessif, pris un développement considérable, ils ont tracé eux-mêmes leurs anciennes limites au moyen des moraines ou amas de cailloux et de débris de rochers qu'ils poussaient devant eux. On rencontre ces moraines même au bas des pentes du mont Liban, dont la température est maintenant si adoucie, qu'il n'y a plus de neiges perpétuelles même sur son sommet, dont l'altitude est de 3060 mètres au dessus de la Méditerranée. Le continent de l'Amérique du nord offre les traces de l'action glaciaire sur une échelle aussi grande qu'en Europe. Le froid paraît avoir atteint son maximum à la fin de la période tertiaire, peut être après le soulèvement des terrains pliocènes.

Une nouvelle question se présente ici. Quelle était la cause de cette période de froid, et l'origine de ces glaciers gigantesques qui, à l'époque du diluvium, ont couvert une partie de l'hémisphère boréal?

Quelques savants ont imaginé un déplacement des pôles et du centre de gravité du globe; d'autres l'interposition momentanée d'une matière cosmique qui aurait servi d'écran entre la Terre et le Soleil; d'autres encore ont invoqué le mouvement de translation qui emporte notre système planétaire, et ont supposé le passage de la Terre au milieu d'espaces célestes congelés. Toutes ces théories sont insuffisantes à expliquer les divers phénomènes géologiques de cette époque singulière.

Celle qui nous paraît le mieux résoudre le problème, et qui offre en outre l'avantage de s'appuyer sur une des lois du système du monde, est celle qui en attribue la cause à la précession des équinoxes.

On sait que la Terre décrit autour du Soleil, dans

l'espace d'une année, une ellipse presque circulaire
d'où résultent les saisons. Mais, par suite de l'attraction du Soleil sur l'équateur, combinée avec le mouvement diurne, l'axe terrestre n'est pas immobile,
il oscille sur lui même de manière à décrire dans
l'espace une surface conique comme le fait la tête
d'une toupie lorsqu'elle est près de cesser de tour-
ner. Ces oscillations de l'axe de la Terre, que les
astronomes appellent nutations, ont pour effet de
faire rétrograder chaque équinoxe, et constituent le
phénomène qu'on désigne sous le nom de *précession
des équinoxes*. Il en résulte que les saisons ne sont
point d'égale longueur, et que, pendant une longue
série de siècles, la durée de l'hiver, a l'un des pôles,
est plus longue de quelques jours qu'au pôle opposé; c'est ce qui a lieu actuellement pour le pôle
austral, dont les glaces sont conséquemment beaucoup plus considérables qu'au pôle boréal.

Mais il n'en fut pas toujours ainsi, et le calcul démontre, aussi bien que les phénomènes géologiques,
qu'à une époque reculée, c'était au contraire au pôle
boréal que se trouvait accumulée la masse de glaces
la plus considérable. Lorsque, par suite de la nuta-
tion de l'axe, ce dernier état de choses vint a changer,
la somme des jours d'hiver diminuant, celle des
jours d'été augmentant, notre hémisphère se ré-
chauffa, la zone des glaces arctiques diminua progressivement d'étendue, les banquises, les montagnes de glace se fondirent, en donnant lieu à des
courants puissants, jusqu'à ce que l'action continue
de la chaleur ayant suffisamment ramolli les glaces
du pôle boréal, une gigantesque débacle eut lieu.
Des masses d'eau effrayantes furent poussées avec
les débris de la glacière vers le sud, mêlées de terre,
de sable, de cailloux, qui ont formé les alluvions des
grandes vallées, et les blocs erratiques encastrés dans
la glace, violemment charriés, striant, sillonnant,
polissant les roches sur lesquelles ils glissaient, vinrent échouer dans les vallées et sur les flancs des
montagnes qu'ils ne purent escalader.

Ainsi dut se produire le dernier cataclysme, il y
a environ 4,800 ans, date qui répond à peu près à
celle du déluge mosaïque. Cette débacle du glacier
polaire explique également la découverte extraordinaire, faite dans le nord, de cadavres d'éléphants

et de rhinocéros antédiluviens retrouvés sous la
glace, dans un état si parfait de conservation que
les chiens et les ours purent se nourrir de leur
chair.

L'homme existait-il avant le dernier cataclysme
qui a bouleversé la terre ? habitait-il d'autres contrées que l'Asie ? a-t-il connu d'autres animaux que
ceux qui vivent actuellement à la surface du globe ?
En un mot, trouve-t-on les débris de l'homme à
l'état fossile ? De tout temps ces questions sur
notre origine ont préoccupé les philosophes et les
naturalistes. L'ancienneté de l'espèce humaine
est une des questions qui ont été le plus controversées, malgré l'attestation des livres saints.

Cuvier ayant réduit à néant les faits invoqués
avant lui en faveur de l'existence des géants primitifs de l'espèce humaine et des hommes témoins du
déluge, crut devoir nier complétement l'existence
de l'homme antédiluvien, au moins en Europe, et
sa contemporanéité avec des espèces animales perdues. Il alla même plus loin, et prétendit que celui
des mammifères dont l'organisation se rapproche le
plus de celle de l'homme, le singe, ne se trouvait
pas dans les terrains antérieurs au diluvium ; mais
des débris fossiles de quadrumanes ont été trouvés
depuis en abondance, non-seulement dans le sud
de l'Asie et de l'Amérique, mais encore en Grèce,
et même dans les terrains tertiaires de l'Angleterre
et de la France.

Les disciples de Cuvier restèrent fidèles à ses
doctrines, et, comme il arrive toujours lorsqu'une
autorité bien établie a prononcé, les découvertes
postérieures n'obtinrent pas l'attention qu'elles mé-
ritaient. On les regarda comme des erreurs dont on
avait déjà fait justice. Mais, aujourd'hui, il n'en est
plus ainsi; outre le récit biblique, des faits nombreux et incontestables prouvent que l'homme a
laissé des traces de son passage à une époque antérieure au diluvium ; qu'il est infiniment plus vieux
qu'on ne le croyait au temps de Cuvier, bien que
restant né depuis une minute à peine, si l'on compare son origine à l'immense et incalculable longé-
vité de notre globe.

L'homme a préexisté en Europe au diluvium, en
compagnie de grands animaux, tous éteints, tels que

l'éléphant à crinière, le rhinocéros à narines cloisonnées, l'hippopotame, l'ours et le lion des cavernes, le cerf gigantesque, l'auroch, etc., puisqu'on y retrouve ses restes mélangés avec les leurs, ainsi que les débris de son industrie, haches, couteaux, lances en silex taillé. L'homme est contemporain de ces espèces perdues, puisque l'on voit sur les os de ces animaux des entailles faites évidemment de main d'homme, et puisque les ossements humains sont dans le même état de conservation ou d'altération que ceux des animaux avec lesquels on les trouve mélangés dans les mêmes couches.

Une nouvelle preuve, fournie par un savant naturaliste, M. Lartet, est la découverte faite dans le diluvium des cavernes du Périgord, non-seulement d'ossements travaillés, façonnés de main d'homme en pointes de flèches, harpons, poignards, etc., mais encore d'os plats et de morceaux de schiste sur lesquels étaient représentés, d'une manière très-nette quoique grossière, le renne, l'éléphant à crinière, l'ours des cavernes, et divers autres animaux. Enfin, des découvertes toutes récentes (1867) feraient même remonter l'homme au terrain tertiaire supérieur (Pliocène). M. l'abbé Bourgeois a trouvé dans ce terrain non remanié, des haches, des couteaux de silex et des os d'éléphant fossile portant la marque évidente d'entailles faites à l'aide de ces instruments.

Si l'on considère que les contrées dans lesquelles ces découvertes ont été faites ne sont pas celles qui peuvent être regardées, avec le plus de probabilité, comme ayant été le berceau de l'humanité et que nous ne possédons pas les documents analogues que pourraient nous offrir les diverses parties de l'Asie, qui ont été le théâtre des plus anciennes civilisations, on en conclura que le dernier mot n'a pas encore été dit sur l'antiquité de l'homme.

Combien de siècles ont dû s'écouler entre l'époque où l'homme vivait à l'état sauvage en Asie et en Afrique, n'ayant pour habitation que les grottes et les cavernes, pour armes que des bâtons ou des pierres, et celle où il a su creuser dans le roc les merveilleux temples d'Ellora, d'Elephanta, d'Ipsamboul couverts de figures et d'inscriptions, où il a bâti l'antique cité de Mavilapouram, en face de Ceylan, taillé les bas-reliefs sur les pentes des montagnes de la Perse chargées d'inscriptions cunéiformes, élevé les splendides constructions de Khorsabad et de Babylone. Ces prodigieux monuments de l'Égypte, dont l'antiquité nous paraît déjà si reculée, étaient probablement aussi éloignés eux-mêmes des premiers établissements de l'homme en Asie et en Afrique, d'un âge de pierre dans ces régions, que Saint-Pierre de Rome et le Louvre sont éloignés des silex taillés de la France.

Quant à l'origine de l'homme, en dehors du dogme de la création, c'est un problème insoluble.

La théorie de la transmutation des espèces, d'après laquelle l'homme descendrait de quelqu'animal inférieur, par une ligne d'hérédité non interrompue qui ferait, en un mot, de l'homme un singe perfectionné; cette hypothèse, nous l'avons dit, ne supporte pas l'examen. Une distance considérable sépare l'homme du singe, même au point de vue anatomique.

Les singes anthropomorphes auxquels on a comparé l'homme, c'est-à-dire l'orang, le gorille et le chimpanzé, ne marchent pas debout; ni leurs membres, ni leur colonne vertébrale, ni la position de leur tête ne leur permettent la station droite. S'ils se tiennent debout un instant, ils se rejettent à quatre pattes dès qu'ils veulent courir ou même marcher. Leur pied n'a pas de talon et ne pose à terre que par son tranchant. Dans le jeune âge, leur tête ronde, leur face aplatie, leur donne en effet quelque lointaine ressemblance avec l'homme; mais lorsqu'ils deviennent adultes, le crâne se déforme et se déprime, des crêtes osseuses le surmontent, les mâchoires s'allongent en museau et sont armées d'énormes canines profondément enfoncées dans leurs alvéoles et semblables à celles des bêtes féroces; ces mâchoires sont elles-mêmes en proportion par leur grosseur et leur solidité avec les canines, et entraînent en avant la tête, qui n'est plus en équilibre sur le cou; elle est alors retenue par de fortes attaches musculaires qui s'insèrent sur les crêtes osseuses du crâne. Toute ressemblance avec la tête humaine a ici disparu; c'est un crâne de bête fauve. En outre, le crâne de l'homme le plus dégradé, le crâne fossile le plus ancien connu, a proportionnellement une capacité double de celle du gorille ou de l'orang au crâne le plus vaste.

Le docteur Gratiolet, trop tôt enlevé à la science, a de plus reconnu, dans ses remarquables études sur le cerveau, que dans l'homme, à partir de la naissance, le crâne s'accroît plus rapidement en haut et en avant qu'en bas et en arrière, et que les sutures antérieures s'ossifient tardivement, de manière à laisser un plus grand champ ouvert aux accroissements du frontal. Chez le singe, comme chez les idiots, les sutures antérieures s'ossifient prématurément, le crâne se ferme d'abord en avant, devient fort épais et manque de sinus aérien ; le crâne se ferme sur le cerveau comme une prison.

Les organes de la vie, que Buffon a prétendu être les mêmes dans l'homme et l'orang, sont tout différents. Les singes ont dans leur larynx des poches où s'engouffre l'air, et d'où il ne peut sortir qu'avec un murmure sourd qui s'opposerait à toute articulation distincte, à tout langage.

Chez les singes, les bras sont plus longs et plus gros que les jambes, ce qui est absolument le contraire chez l'homme. En outre, son pied, non conformé pour la marche, oblige le singe à y faire participer les mains qui, malgré leur perfection, sont descendues ainsi à la fonction abjecte des pattes, et ne peuvent, comme les mains de l'homme, être exclusivement consacrées au service de l'intelligence.

L'homme est un animal, sans doute, mais ce n'est pas un mammifère perfectionné, un mammifère arrivé au plus haut degré de perfectionnement ; c'est un être à part, un être raisonnable. Seul il possède la parole ; seul il possède cette faculté d'une raison progressive et perfectible qui est l'attribut de sa race. Et, comme l'a dit G. de Humboldt : non-seulement l'homme est l'homme parce qu'il parle, mais, pour inventer le langage, il a fallu qu'il fût déjà homme.

# CHAPITRE XVI



Après le soulèvement du terrain subapennin, les phénomènes de l'époque glaciaire et le diluvium, qui en fut la conséquence, commença la grande période de ce calme dont nous jouissons encore, et qui n'a été troublé, jusqu'à ce jour, que par des accidents locaux et de peu d'importance si on les compare à ceux qui ont bouleversé la Terre aux époques antédiluviennes. Des soulèvements ou des affaissements lents, quelques dislocations résultant des tremblements de terre et des éruptions volcaniques ont seuls introduit quelques modifications dans la configuration du globe depuis cette époque. Cependant ce calme n'est qu'apparent; des catastrophes terribles viennent de temps en temps nous rappeler que notre planète n'est point parvenue au repos définitif, et que nous marchons partout sur un brasier ardent qui gronde sans cesse sous nos pieds. Rien ne nous garantit que, dans le cours des siècles à venir, les puissances plutoniennes ne feront point jaillir quelque nouveau système de montagnes, et il est même probable que, dans quelques milliers d'années, une nouvelle période glaciaire aura lieu, qui entraînera des phénomènes analogues à ceux qu'elle a déjà produits.

Comme par le passé, les agents qui, à l'époque

actuelle, peuvent modifier l'écorce superficielle du globe et former de nouveaux dépôts, sont de deux sortes : les *agents extérieurs* qui comprennent les effets atmosphériques et les effets aqueux; les *agents intérieurs*, c'est-à-dire les tremblements de terre et les volcans. Aux premiers, aux agents extérieurs, sont dues les roches sédimentaires, qui se forment journellement sous nos yeux ; aux seconds, aux agents intérieurs, sont dues les roches cristallines résultant des effets ignés.

Ce qui se passait autrefois, se passe encore de nos jours, mais dans des conditions différentes. L'écorce terrestre se soulève, se plisse et s'affaisse tout comme elle le faisait autrefois ; seulement ce qui, autrefois, se produisait par révolutions brusques à de longs intervalles se produit actuellement d'une manière lente et continue. La croûte solide étant devenue plus résistante, mais en même temps plus élastique, se prête avec moins d'efforts et sans que de violentes ruptures en soient la conséquence à tous les mouvements de la matière en ébullition à laquelle elle sert d'enveloppe.

Les continents actuels paraissent soumis à un mouvement d'ondulation qui, insensible dans quelques contrées, se manifeste dans d'autres d'une manière très-apparente. Nous avons déjà signalé le soulèvement lent qu'éprouvent les côtes de la Suède et de la Finlande, et celui qu'on a constaté sur divers points des Iles Britanniques. Il en est de même des côtes du Chili ; tandis que, au contraire, les rives du Groënland, les côtes du Portugal, le détroit de Messine, s'affaissent d'une manière remarquable. Et ce phénomène n'a pas lieu seulement dans le voisinage des mers, car de Humboldt a constaté que l'ensemble de la chaîne des Andes est en voie d'affaissement : non-seulement les mesures des divers sommets, prises à trente ans d'intervalle, ont donné des résultats différents, mais la zône des neiges perpétuelles a sensiblement diminué; ce qui ne peut s'expliquer par une augmentation de la chaleur moyenne de la contrée, puisque, sur les montagnes voisines, l'étendue de la zone neigeuse n'a subi aucune diminution.

Ces ondulations du sol ne se produisent pas toujours d'une manière lente et insensible ; quelquefois même, elles ont lieu avec une violence qui rappelle de loin et en petit les perturbations apportées par les anciens soulèvements des montagnes.

Le plus considérable et le plus ancien de ces soulèvements modernes a dû être celui des deux volcans l'Etna et le Stromboli qui, se propageant le long des côtes de la Méditerranée, causa l'inondation passagère d'une partie de l'Italie et de la Grèce et donna probablement lieu au déluge d'Ogygès ou de Deucalion.

On donne le nom de *tremblements de terre* aux secousses plus ou moins violentes dont le globe terrestre est affecté, qu'elles soient ou non accompagnées de dislocations ou de soulèvements. On peut distinguer deux sortes de tremblements de terre : les uns circonscrits dans chaque région volcanique, les autres qui s'étendent sur d'immenses espaces, et avec une célérité si grande, qu'une même secousse peut se faire sentir presque simultanément sur des points éloignés de plus de mille lieues l'un de l'autre, témoin le trop célèbre tremblement de terre de 1755 qui détruisit Lisbonne et Méquinez (Maroc) et se fit ressentir jusqu'à la Martinique et au Groënland. Quant à la cause qui les produit et aux effets qui les accompagnent, il n'y a entre eux d'autre différence que l'intensité et l'étendue. Ils proviennent des coups de bélier des vagues souterraines contre le plafond qui les recouvre.

Les tremblements de terre se manifestent par des oscillations verticales, horizontales ou circulaires, qui se suivent et se répètent à de courts intervalles. Le plus souvent, la secousse se propage en ligne droite ou ondulée, à raison de cinq myriamètres par minute. Quelquefois elle s'étend à la manière des ondes et il se forme des cercles de commotion où les secousses se propagent du centre à la circonférence.

Les secousses circulaires ou giratoires sont les plus dangereuses ; mais aussi elles sont les plus rares ; elles produisent des effets souvent singuliers : des murs et des maisons ont été retournés sans être renversés, des routes droites ont été courbées, des champs couverts de cultures différentes ont glissé les uns sur les autres.

L'action verticale de bas en haut produit souvent l'effet de l'explosion d'une mine. C'est ainsi qu'à Rio

Bamba, en 1797, lors du tremblement de terre qui détruisit cette ville, les cadavres d'un grand nombre d'habitants furent lancés au delà de la petite rivière de Lican sur la colline de la Culca à plus de cent mètres de hauteur.

Le phénomène s'annonce ordinairement par des bruits sourds, par des roulements souterrains. « La nature de ce bruit, dit de Humboldt, varie beaucoup; il roule, il gronde, il résonne comme un cliquetis de chaînes entrechoquées ; il est saccadé comme les éclats d'un tonnerre voisin, ou bien il retentit avec fracas comme si des masses de roches vitrifiées se brisaient dans les cavernes souterraines. »

On sait que les corps solides sont excellents conducteurs du son, et que les ondes sonores se propagent dans l'argile cuite dix ou douze fois plus vite que dans l'air ; aussi les bruits souterrains peuvent-ils s'entendre à des distances énormes du point où ils sont partis. On entendit à Caracas et dans les plaines de Calobozo une effroyable détonation au moment de l'éruption du volcan Saint-Vincent, situé dans les Antilles à une distance de 1200 kilomètres; c'est, par rapport à la distance, comme si une éruption du Vésuve se faisait entendre dans le Nord de la France. Les secousses ont même lieu parfois sans être accompagnées d'aucun bruit souterrain, et d'autres fois, ces bruits se font entendre sans secousses. Dans le terrible tremblement de terre qui détruisit Lima, en 1746, on entendit à Truxillo, distant de 150 lieues de l'endroit du sinistre, un coup de tonnerre souterrain, sans ressentir aucune secousse.

« L'impression que produit sur nous un tremblement de terre dit de Humboldt, qui en a été plusieurs fois témoin, est profonde ; ce qui nous saisit, ce n'est pas seulement le souvenir des grands ravages qu'ils ont produits, ni l'image des catastrophes dont l'histoire a conservé le souvenir et que notre imagination reproduit à notre pensée ; ce qui nous saisit, c'est que nous perdons notre confiance innée dans la stabilité du sol. Dès notre enfance, nous étions habitués au contraste de la mobilité de l'eau avec l'immobilité de la terre ; tous les témoignages de nos sens avaient fortifié notre sérénité. Le sol vient-il à trembler, ce moment suffit pour détruire l'expérience de toute la vie. On peut s'éloigner d'un volcan, on peut éviter un courant de lave; mais quand la terre tremble, où fuir? Partout on croit marcher sur un foyer de destruction ; alors chaque bruit, chaque souffle d'air excite l'attention. On se défie surtout du sol sur lequel on marche ; les animaux, particulièrement les porcs et les chiens, éprouvent cette angoisse. L'épouvante se manifeste même chez les oiseaux; on en a vu dans une agitation extrême, voler sans direction déterminée, tourbillonner et s'abattre comme frappés de vertige. Les crocodiles de l'Orénoque, d'ordinaire aussi muets que nos petits lézards, fuient le lit ébranlé du fleuve et courent en rugissant vers la forêt. »

Quand l'agitation du sol est légère, on en est averti, dans les lieux habités, par le tintement des cloches et le mouvement des meubles. Si le tremblement acquiert une certaine intensité, les maisons se lézardent, les cheminées s'ébranlent et tombent; mais si le phénomène se présente dans tout son développement, rien ne résiste à son action. Ce redoutable fléau renverse non-seulement des villes, mais il a quelquefois assez de puissance pour rendre méconnaissable l'aspect du sol qu'il a ébranlé. Les arbres sont déracinés ; il se produit des éboulements de montagnes, des couches de terrains considérables glissent dans les vallées qu'elles recouvrent ; le cours des rivières est interrompu, les lacs sont desséchés, les sources tarissent ; ailleurs, au contraire, des sources jaillissent dans des lieux qui en étaient privés, des courants de boue s'établissent, les falaises sont ébranlées et s'écroulent dans la mer. La terre s'entr'ouvre et engloutit des villes entières pour ne laisser à leur place qu'un étang, un espace couvert de sable, ou un gouffre béant. Témoin le terrible tremblement de terre de 1868 qui, dans la république de l'Équateur, vient d'engloutir ou de renverser vingt villes. Les villes d'Otavalo et de Cotacachi, contenant, l'une douze mille et l'autre huit mille habitants, ont été englouties avec leurs populations, et l'emplacement où elles se trouvaient, fait aujourd'hui partie des abîmes. Arica, Iquique, Aréquipa, Talcahuana, Ibarra sont rasées ; plus de soixante mille âmes ont péri.

Soixante mille êtres humains rayés du livre de vie dans l'espace de quelques minutes !

D'autres fois, les tremblements de terre produisent des dislocations tout à fait analogues à celles des soulèvements dont fut témoin l'enfance du monde.

Ainsi, en 1819, on vit dans l'Inde s'élever au milieu d'une plaine une colline de 80 kilomètres de longueur, qui barra le cours de l'Indus, pendant que vers l'embouchure de ce fleuve, un bourg fortifié disparut sous les eaux.

Il est rare qu'un volcan se forme à la suite de secousses prolongées; tel fut pourtant le cas du volcan de Jorullo au Mexique qui, après trois mois de secousses et de tonnerres souterrains, surgit tout à coup au milieu de la plaine jusqu'à la hauteur de 510 mètres. Ce fut également par l'ouverture de plusieurs cratères que se termina le tremblement de terre de Lima en 1746.

En 1558, dans les environs de Pouzzoles, après deux ans de secousses et de bruits souterrains presque continuels, le sol se crevassa, et vomit une quantité de flammes et de vapeurs ; une des ouvertures lança, pendant sept jours, tant de cendres et de scories, que le lac Lucrin fut en partie comblé, et qu'il se forma sur les bords une montagne, (le Monte Nuovo,) haute de 142 mètres.

Les tremblements de terre font naître aussi des éruptions d'eau chaude, de vapeur aqueuse, de boue, de fumée noire et même de flammes. Lors du tremblement de terre de la Nouvelle-Grenade (1827), il se forma dans la vallée de la Magdalena de nombreuses crevasses par lesquelles sortit une grande quantité de gaz acide carbonique qui asphyxia une multitude d'animaux.

C'est dans les régions volcaniques que les tremblements de terre sont le plus communs : le midi de l'Italie et ses îles, l'Islande, les Canaries, les Antilles, le Pérou, etc. Ces phénomènes sont en effet intimement liés à celui des éruptions volcaniques et sont les effets d'une même cause : la réaction des vapeurs soumises à une pression énorme dans l'intérieur de la Terre.

On a remarqué dans les éruptions volcaniques, que plus les explosions étaient tardives, et plus les

secousses étaient fortes, parce que les vapeurs sont
alors accumulées en plus grande quantité. C'est dans
cette remarque si simple que se trouve l'explication
générale du phénomène. C'est ce qui explique aussi
pourquoi les plus forts tremblements de terre, ceux
qui ont amené la destruction de Lisbonne, de Lima,
de Caracas, de Cachemyre, et d'un grand nombre
de villes en Syrie et dans l'Asie Mineure, se sont
produits, en général, loin des volcans en activité.
On peut en effet regarder ceux-ci comme des soupapes de sûreté par lesquelles s'échappe, comme
dans nos chaudières, le trop plein de vapeur, la matière ignée en fusion.

Les volcans sont des ouvertures dans l'écorce du
globe, qui émettent par intervalles et quelquefois
continuellement, avec bruit, mouvement et chaleur, des matières pierreuses fondues ou notablement altérées par le feu. Presque tous les volcans
connus sont placés sur le sommet de montagnes
isolées, offrant une ou plusieurs ouvertures en forme
d'entonnoir que l'on nomme cratères et qui commu-
niquent par un long couloir ou cheminée avec le
foyer des matières en fusion.

Quelles que soient les dimensions des volcans, leur
forme générale est la même, les matières qui les
composent, les causes qui les ont élevés, les phénomènes qu'ils présentent sont presque en tous points
comparables ; en sorte que l'étude de l'un d'eux
peut facilement conduire à la connaissance des
autres et donner par analogie une idée exacte,
non-seulement des nombreux volcans qui brûlent
à la surface des terres connues, mais de ceux, plus
nombreux sans doute, qui sont en activité sous les
eaux, et enfin, des volcans actuellement éteints de
divers âges, dont les massifs plus ou moins déman-
telés et les produits plus ou moins altérés couvrent
de vastes contrées, l'Auvergne, la Bohême, l'Irlande,
etc.

Les montagnes que couronne un volcan, sont
presque toujours entièrement composées de matières
rejetées par les bouches ignivomes et accumulées les
unes sur les autres. Elles se trouvent généralement
assises sur d'anciennes couches volcaniques ou plutôt d'origine ignée différant notablement par leur
nature, des matières vomies par le cratère. Tel est

11

le Vésuve, ce mont si souvent décrit, qui se dessine d'une manière si pittoresque au fond de la délicieuse baie de Naples et s'élève sous la forme d'un cône de 1200 mètres de hauteur sur une base de 30 milles de circuit. Tel est encore l'Etna, dont le pied plonge dans une mer profonde, tandis que sa cime, couverte de neige et fumante, s'élève à 3,300 mètres et qui menace de ses feux la Sicile et la Calabre qu'il domine.

Le Vésuve, sinon le plus considérable au moins le plus célèbre parmi les volcans, est situé dans la plaine de la Campanie à trois lieues de Naples ; il s'élève sous la forme d'un grand cône obtus tronqué qui forme la base du volcan et près de deux tiers de son élévation totale. Sur le plan de la troncature de ce premier cône s'en élève brusquement un second plus petit, à pente rapide et qui termine la montagne. Le sommet de ce cône terminal est tronqué et creusé d'une cavité conique en sens opposé, que sa ressemblance de forme avec une coupe a fait désigner sous le nom de *cratère*. C'est par ce cratère ou bouche volcanique que s'échappent presque continuellement des gaz et des vapeurs visibles et que parfois et à des intervalles plus ou moins rapprochés se font les éruptions dont les effets majestueux et terribles causent en même temps l'admiration et l'effroi. Parfois des éruptions analogues ont lieu par des bouches qui s'ouvrent accidentellement sur les flancs du grand cône et autour desquelles s'élèvent de petits cônes parasites.

Le Vésuve n'a pas toujours eu la même forme et l'élévation qu'on lui voit aujourd'hui. Autrefois sa hauteur était moindre ; sa cime se terminait à la troncature du premier cône dont le cratère beaucoup plus vaste fournit une grande plaine circulaire couverte de pâturages et entouré d'un bord élevé et escarpé comme l'est un cirque par ses murailles. C'est dans ce cratère comblé que s'étaient retirés les révoltés de la conjuration de Spartacus, comme dans une forteresse naturelle, et lorsqu'ils se virent assiégés de près par Claudius Pulcher, du seul côté praticable, ils descendirent, dit Plutarque, par les escarpements du bord au moyen d'échelles qu'ils firent avec les sarments des vignes sauvages qui croissaient au milieu des rochers. Les Romains

Fig. 95. — Intérieur du cratère de l'Etna.

ne s'aperçurent pas de cette manœuvre, et, surpris
par les gladiateurs, ils furent taillés en pièces.

A cette époque, rien n'annonçait au vulgaire un
volcan, bien que la structure et la composition de
cette montagne ne laisse aucun doute à cet égard.
De mémoire d'homme, on n'avait vu sortir de ce
mont des matières enflammées, lorsque tout à coup,
en l'an 79 après Jésus-Christ, le terrain environnant
s'ébranla sur une grande étendue, la montagne
se mit soudain à bouillonner jusque dans ses
entrailles les plus profondes; enfin les matières
gazeuses et fluides surmontant la pesanteur des
laves consolidées et des scories qui formaient l'ancien cône, lancèrent dans l'atmosphère avec d'effroyables détonations une grande partie du cône
lui-même réduit en poussière. C'est là cette immense gerbe en forme de pin si bien décrite par
un témoin oculaire, Pline le jeune, qui de Misène,
au bout opposé du golfe, put comtempler cette
scène épouvantable et grandiose, dans le même
temps que Pline le naturaliste, son oncle, accourait
à force de rames au pied du volcan pour en ob-
server de plus près l'éruption et y trouver la mort.
Les débris de l'ancien cône, ainsi lancés avec des
tourbillons de vapeurs et de cendres dont l'éruption même déterminait la production, obcurcissaient
l'air au loin et retombaient, couvrant la campagne
et ensevelissant des villes entières qui dispa-
rurent alors comme Pompéi, Herculanum et Sta-
bies, dont nous observons aujourd'hui avec curiosité les monuments conservés sous ce manteau de
cendres, plus tard recouvert par des coulées de
laves. Du milieu de l'ancien cirque — dont il reste
encore une partie du bord escarpé — surgit alors une
nouvelle montagne, le Vésuve proprement dit, formé
par les déjections du grand cône primitif évidé.

Cette éruption, qui commença pour le Vésuve
une époque nouvelle, demeura distincte de toutes
les autres éruptions postérieures, par ce qu'elle ne
donna pas sortie à des torrents de lave incandescente.

Un autre phénomène de ce genre fut celui de
l'émersion en une seule nuit, en 1559, du Monte
Nuovo près de Pouzzoles, dans la banlieue de Naples.
Après de nombreux tremblements de terre qui dé-

solèrent la Campanie,—dit Porzio, qui en fut témoin oculaire — on vit, le 29 septembre, le terrain se soulever entre le mont Barbaro et le lac d'Averne puis se fendre avec un horrible fracas, et, par une large bouche qui se forma alors, vomir des flammes, des pierres ponces, des pierres et des cendres.

Presque tous les volcans en activité présentent cette disposition d'un cône volcanique, entouré des débris d'un ancien cône de matières également volcaniques. En effet, le grand volcan de Ténériffe, celui de Palma, l'Etna, le Stromboli, Vulcano, Santorin Baren Island, etc., etc., présentent cette disposition que l'on remarque dans un grand nombre de volcans éteints. On a expliqué cette disposition par le soulèvement, autour d'un axe, de dépôts volcaniques d'abord placés horizontalement, et dont les lambeaux redressés auraient laissé entre eux une cavité centrale, au dessus de laquelle les laves, les cendres et les débris divers retombés de l'atmosphère dans laquelle ils avaient été projetés se seraient accumulés pour former le cône supérieur.

Longtemps on a rapporté les phénomènes volcaniques à des causes locales, telles que des combustions ou des décompositions chimiques qui se seraient opérées dans l'épaisseur du sol à des profondeurs variables : telle est la théorie du célèbre chimiste anglais Humphries Davy, acceptée par plusieurs savants : mais pour le plus grand nombre des géologues, un volcan n'est que l'un des nombreux accidents d'une cause générale qui se lie à l'état originaire du sphéroïde terrestre et à son état intérieur actuel. L'observation démontre en effet, que cette cause a son siège, non pas dans l'épaisseur du sol, mais plus bas, car les matières volcaniques sortent évidemment de dessous les plus anciens terrains, qu'elles traversent par conséquent.

Pour que la cause ignée ou volcanique produise des effets dans l'épaisseur du sol, ou à sa surface, il faut que celui-ci soit disloqué, divisé, traversé enfin par des fissures ou cheminées qui mettent en rapport sa face inférieure avec sa surface. Les tremblements de terre qui sont probablement dus à des contractions, des retraits et des tassements des matières consolidées du sol donnent lieu à ces divisions et ouvertures.

Trouvant des fissures, des vides pour se loger, les matières fluides incandescentes, soumises à une pression moindre, se dilatant et changeant peut-être même de nature par la réaction de leurs éléments pénètrent le sol et le traversent dans tous les sens ; elles s'y refroidissent, s'y consolident, en modifiant par leur haute température, les roches avec lesquelles elles se trouvent en contact, de là des filons, des dykes, des effets de métamorphisme.

Si ces matières gazeuses ou fluides traversent la totalité du sol, alors elles s'échappent ou s'épanchent au dehors.

Comme nous l'avons dit, les volcans sont les soupapes de sûreté de cette immense chaudière qui frémit sous nos pas. Quand les tremblements de terre annoncent un excès d'ébullition, les soupapes s'ouvrent; des gaz, des cendres, des laves se font jour et le calme se rétablit. Ce qui distingue profondément les éruptions volcaniques de celles qui furent la cause des anciens soulèvements, c'est que ces dernières une fois produites, ne se renouvelaient pas. Les crevasses par lesquelles avaient jailli les granits, les serpentines ou les trachytes, empatées par ces matières ne se rouvraient plus pour en laisser passer d'autres ; tandis que les volcans sont des conduits qui s'engorgent quelquefois, mais qui bientôt sont rendus libres par l'arrivée de nouvelles matières en fusion.

L'éruption commence ordinairement par de violents jets de gaz et de vapeurs, bientôt accompagnés de cendres et de pouzzolanes — matière composée de petits fragments de terre poreuse et calcinée. — D'épouvantables détonations se font entendre; de prodigieuses gerbes de flammes illuminent toutes les contrées environnantes; d'énormes blocs de rocher, des pierres ponces, des bombes volcaniques composées de matières scoriacées sont lancés à de grandes distances, pendant que la lave monte sans cesse, s'accumule dans le cratère d'où elle déborde bientôt pour descendre en torrents de feu sur les pentes de la montagne.

Ce n'est pas toujours, néanmoins, du cratère terminal que s'échappent les laves. Souvent, par des crevasses communiquant avec le conduit central, elles se font jour à différentes hauteurs sur les flancs

de la montagne en feu. De là elles s'écoulent tantôt
sous la forme de courants, tantôt sous celle de
larges nappes, qui détruisent tout sur leur passage.

Les laves en fusion ont une viscosité qui leur
permet rarement d'acquérir une très grande vitesse.
Leur surface se refroidit d'ailleurs assez rapidement, et, alors, elles ne peuvent plus couler que
sous les parties déjà coagulées qui les enveloppent
et nuisent encore à leur marche. Même sur des
pentes assez rapides, elles mettent quelquefois un
jour entier pour parcourir une centaine de mètres.
Mais une fois protégées contre l'action de l'air par
leur surface solidifiée, elles restent un temps très-
long à se refroidir. On en a vu, auprès de l'Etna,
répandre encore des vapeurs vingt-six ans après
l'éruption qui leur avait donné naissance.

Sous le nom générique de *laves* on comprend
toutes les matières fluides vomies par les volcans,
quoique ces matières soient de nature fort différente.
Ce sont d'abord pour les volcans les plus anciens,
des basaltes, puis des trachytes, des obsidiennes, —
espèce de verre noirâtre qui, souvent, comme dans
les îles de Lipari, couvre en nappes de grandes
étendues ; — enfin les laves proprement dites, d'un
gris noir et d'une structure plus ou moins poreuse.
Il arrive parfois que, lorsque ces dernières se sont
accumulées dans des bas-fonds sous forme de coulées
d'une grande épaisseur, leur refroidissement ayant
lieu avec une lenteur extrême, le retrait les fait
fendre et se diviser en colonnes prismatiques,
ce qui les a fait souvent confondre avec les basaltes.

La hauteur des volcans exerce une grande influence
sur la fréquence des éruptions ; leur activité paraît
être en raison inverse de leur hauteur. En effet,
si, comme tout semble le prouver, les foyers de tous
ces volcans sont situés à la même profondeur, il
est évident que la force nécessaire pour élever la
masse de lave en fusion jusqu'à leurs sommets doit
croître avec leurs hauteurs. Il ne faut donc pas
s'étonner si le Stromboli, le plus petit de tous,
(700 mètres), est en pleine activité depuis le temps
d'Homère et sert encore aujourd'hui de phare aux
navigateurs, tandis que des volcans sept et huit

fois plus élevés, paraissent condamnés à de longs intervalles d'inaction ; les colosses qui, comme le Cotopaxi (5812 mètres), couronnent les Cordillères ont à peine une éruption par siècle.

Les volcans nous fournissent donc un moyen de nous rendre compte, jusqu'à un certain point, du degré de puissance de cette force d'expansion qui, autrefois, a soulevé les continents. Au Vésuve et à l'Etna, au pic de Ténériffe, les laves et les obsidiennes sont sorties du cratère. Or, l'altitude de l'Etna est de 3,300 mètres, au dessus de la mer, celle du pic de Ténériffe de 3,710 mètres, celle du sommet de l'Antisana de 5,833 mètres. Si la colonne soulevée eut été d'eau, il eut fallu plus de 300 atmosphères pour l'élever au haut de l'Etna, plus de 350 à Ténériffe, plus de 550 à l'Antisana. Les laves pesant à peu près trois fois autant que l'eau, il a donc fallu pour l'Etna 900 atmosphères, pour l'Antisana plus de 1,500, c'est-à-dire une force 150 fois plus puissante que celle qui met en jeu nos plus puissantes machines. Si quelque chose est fait pour nous étonner, ce n'est pas que la mince pellicule qui nous supporte soit ébranlée et déformée par l'action irrésistible des fluides qu'elle enveloppe, mais bien plutôt qu'elle ne se brise pas sous leur pression.

Les volcans qui s'élèvent au dessus de la limite des neiges perpétuelles, comme ceux de la chaîne des Andes, présentent des phénomènes particuliers. Les masses de neige qui les recouvrent fondent subitement pendant les éruptions et produisent des inondations redoutables, des torrents qui entraînent pêle mêle des blocs de glace et des scories fumantes. Les neiges exercent encore une action continue pendant la période du repos du volcan, par leurs infiltrations incessantes dans les roches de trachyte. Les cavernes qui se trouvent sur les flancs de la montagne ou à sa base sont transformées peu à peu en réservoirs d'eau souterrains, que d'étroits canaux font communiquer avec les ruisseaux alpestres. Les poissons des ruisseaux vont se multiplier de préférence dans les ténèbres des cavernes, et quand les secousses qui précèdent toujours les éruptions des Cordillères ébranlent la masse entière du volcan, les voûtes souterraines s'entr'ouvrant tout à coup, l'eau, les poissons, les boues tufacées sont expulsés à la fois. Tel est le singulier phénomène qui se produisit en 1698 dans le mont Carguairazo, qui domine les plaines de Quito. Son sommet s'écroula subitement, inondant les terrains environnants d'une vase argileuse qui contenait une grande quantité de poissons morts.

Les volcans sous-marins présentent des phénomènes bien différents de ceux des volcans atmosphériques. Sous l'eau, les matières gazeuses ou fragmentaires projetées dans une masse liquide agitée, dont la résistance et la pression sont en raison de son épaisseur, se dissolvent ou sont entraînées par les courants et déposées plus ou moins loin des points d'émission; alors elles donnent lieu à des couches sédimentaires ou tufs. Les matières fluides incandescentes ou laves s'épanchent autour des orifices de sortie d'une manière plus ou moins régulière, mais de telle sorte, cependant, qu'elles forment une masse conique dont la bouche d'émission fait le centre. En effet, la lave, plus rapidement refroidie, s'arrête à une distance à peu près égale, à partir de ce centre, en conservant plus d'épaisseur au point d'épanchement, les couches suivantes recouvrent ce premier disque de laves, qui s'élève alors lentement, du fond des mers jusqu'à leur surface. L'île Julia, qui, en 1831, parut au sein de la Méditerranée, n'était que le sommet d'un immense cône submergé. Plus de cent ans avant cette époque, et à plusieurs reprises, on avait remarqué des émanations de gaz, vu des bulles de vapeurs à la surface des eaux, ressenti en mer des secousses, entendu des bruits, qui démontraient l'existence dans le même lieu d'anciennes cheminées volcaniques.

En 1811, on vit s'élever, non loin des Açores, une île nouvelle en forme de cône, de plus de 90 mètres de hauteur, avec un cratère à son centre; de ce cratère s'échappait un courant d'eau chaude qui se précipitait dans la mer. Cette île disparut au bout de quelques mois. Plusieurs éruptions antérieures avaient eu déjà lieu dans ces parages.

En 1814, émergea du sein des eaux, près des îles Aléoutiennes, une île couronnée d'un pic de mille mètres de hauteur; de son sommet s'échappaient de la fumée et des vapeurs.

Récemment des phénomènes analogues se sont passés dans la baie de Santorin qui appartient à l'archipel grec, où, depuis les temps historiques, le sol est agité par des convulsions fréquentes. Santorin, l'ancienne Thera, est elle-même une île d'origine volcanique et semble n'être, avec quelques autres îles plus petites, que le point culminant du bord d'un vaste cratère. Pline raconte que Thérasia fut détachée de Santorin, l'an 236 avant notre ère, à la suite d'une violente commotion. Il cite également l'apparition dans le même golfe, en l'an 19, d'une petite île depuis disparue.

En 1707, après de violentes secousses éprouvées à Santorin, on vit surgir une île nouvelle formée de roches noires, du centre desquelles s'élevaient des flammes, des cendres et des vapeurs sulfureuses. A la surface de l'eau flottaient d'innombrables poissons morts. Cette éruption dura une année, pendant laquelle l'île continua à s'agrandir et à monter ; elle a aujourd'hui plus de 9 kilomètres de tour ; on la nomme Kamméni (l'île brûlée).

Pendant un siècle et demi les parages de Santorin étaient restés dans un calme parfait, lorsque, dans les derniers jours de janvier 1866, des secousses de tremblement de terre annoncèrent le retour du terrible phénomène. Au bout de quelques jours des détonations violentes se succédèrent, les flammes jaillirent au milieu des eaux en faisant bouillonner les flots. Une partie de l'île Kamméni s'abîma dans la mer; tandis qu'une île nouvelle, l'île du roi Georges fit son apparition au milieu d'un véritable feu d'artifice.

Cette baie de Santorin, autrefois à sec, n'est, comme nous l'avons dit, que le vaste cratère d'un ancien volcan qui s'est peu à peu affaissé; et qui, sans doute pendant des siècles, est resté endormi comme l'ancien cône du Vésuve. En effet, des fouilles exécutées à Thérasia ont fait découvrir, à une certaine profondeur, dans ces dépôts volcaniques, une nécropole et des vestiges de constructions considérables. Ces édifices sont nécessairement d'une époque antérieure aux éruptions du volcan submergé. Un peuple inconnu habitait cette contrée avant la catastrophe qui l'a plongée sous les eaux. Ville, édifices, richesses, tout a disparu dans l'abîme

sans que le souvenir en ait été conservé par aucune
tradition. Quelle doit être l'antiquité de ces restes
d'une civilisation perdue, puisque, au dire de Pline,
Thérasia ne reparut à la surface des eaux que
236 ans avant notre ère ? Peut-être cet événement
se rattache-t-il à l'inondation qui causa le déluge
d'Ogygès. Peut-être cette civilisation était-elle contemporaine de celle de l'Atlantide, dont parle Platon
et qui fut subitement submergée.

« Des tremblements de terre extraordinaires, des
inondations étant survenues, dit le texte du *Timée*, la
terre engloutit dans l'espace d'un jour et d'une nuit
tous les hommes, et l'île entière s'enfonça sous les
eaux et disparut. » — Plus loin, il parle, en effet,
d'une race d'hommes excellente, qui vivait sur le territoire de la Grèce avant que les eaux eussent tout
submergé, et dont la civilisation contemporaine de
celle de l'Atlantide, datait de 900 ans. — D'après la
description du Critias, cette île célèbre aurait été
située en vue de la côte occidentale de l'Afrique, et
ne se révèlerait plus à nos regards que par le groupe
d'îles des Canaries, qui en seraient les points cul-
minants. Mais ce ne sont là que de simples conjectures.

Il semble que le nombre des volcans en activité aille en diminuant; car le nombre de ceux
qui sont éteints est infiniment plus considérable
que celui des volcans actuellement en ignition.

La France qui, aujourd'hui, ne possède pas un
seul volcan actif, les comptait autrefois par centaines
dans l'Auvergne, le Velay, le Vivarais, les Cévennes,
le Languedoc. Le centre de l'Europe, la Saxe, la Bo-
hème, en étaient couverts; il en existait en Grèce,
dans le Caucase, en Transylvanie, comme le prouvent
les nombreux dépôts trachytiques qu'on y rencontre
à chaque pas.

De ce que les principaux volcans tel que l'Etna, le
Vésuve, l'Hécla se trouvent dans le voisinage de la
mer, on en avait conclu que c'était l'eau qui, arrivant au foyer incandescent, déterminait par sa va-
porisation les éruptions volcaniques. Il est possible
en effet, que, pénétrant par quelques crevasses souterraines, les eaux de la mer se vaporisent et déterminent des explosions et des éruptions de vapeurs;
mais ce n'est là qu'une cause accidentelle et nulle-

ment indispensable; la preuve en est dans l'éloignement de certains volcans, tels que ceux du centre de
l'Asie et de l'Amérique, de tout bassin maritime et
même de tout cours d'eau, et qui, néanmoins sont en
pleine activité.

Tous les volcans ne lancent pas de flammes, il
en est qui ne donnent passage qu'à des gaz;

Fig. 91. — Solfatare et fumarolle.

tels sont les *solfatares* ou soufrières naturelles.
Ce sont le plus souvent des cratères éteints ou as-
soupis, qui, depuis longtemps n'émettent plus de
laves et d'où s'exhalent seulement des vapeurs sulfureuses déposant du soufre sur les parois des fissures qui leur livrent passage. Une partie de ces
vapeurs, en passant à l'état d'acide sulfurique, réa-

gissent sur l'alumine des rochers et donnent ainsi
naissance à l'alunite ou pierre d'alun. La plus célèbre des solfatares est celle de Pouzzoles, près de
Naples, exploitée déjà du temps de Pline.

Les *Lagoni* ou fumarolles sont des éruptions de
vapeurs aqueuses à une haute température, sortant
par les fissures du sol avec violence et s'élevant dans
l'atmosphère en colonnes blanchâtres de 6 à 20
mètres de haut. Les lagoni se condensent et donnent naissance à des dépôts de gypse cristallin, accidentellement de soufre et d'acide borique. Dans la
Toscane, on utilise ces vapeurs en leur faisant traverser des flaques d'eau dans lesquelles se dépose leur
acide. On se sert ensuite de la chaleur même de ces
solfatares pour évaporer ces eaux et en recueillir l'a-
cide. La température de ces vapeurs est de 105 à 120
degrés. A Monte Cerboli, à Castel Nuovo, les lagoni sont disposés par groupes de 10, 20, 30, sur une
longueur de 8 à 10 lieues. Ils semblent dus à une
immense fente intérieure qui présente çà et là des
ouvertures près de la surface, par lesquelles ont lieu
les éruptions gazeuses.

Les *salses* sont des volcans boueux ou des espèces
de sources dans lesquelles des matières terreuses
sont délayées avec de l'eau salée et desquelles s'é-
chappe du gaz hydrogène carboné. Les éruptions
ont lieu au moyen de l'accumulation des gaz qui
soulèvent la boue liquide. Celle-ci se répand de
toutes parts aux alentours, coule sur les parois,
forme un cône qui devient à la longue une colline.
Ce cône est remarquable par un entonnoir creusé à
son sommet comme le cratère d'un volcan.

Quelquefois l'éruption devient très abondante, la
boue s'élève en gerbe de 6 à 7 mètres de hauteur, avec
des bruits souterrains, des sifflements et mêmes de
petits mouvements du sol comme dans les véritables
volcans. Le dégagement d'air est quelquefois si vio-
lent qu'il lance les boues à 60 et 100 mètres, comme
à la salse de Girgenti en Sicile et en Crimée.

Les salses sont assez communes dans les environs de Modène, de Parme, de Reggio, sur les bords
de la mer Caspienne, dans l'Amérique méridionale
et dans l'Inde. La température des matières rejetées
n'excède guère celle du lieu où elles se produisent,
ce qui semble prouver que le foyer des salses est

Fig. 57 — Exploitation du pétrole en Amérique.

situé à une profondeur beaucoup moindre que celui des volcans ; il est cependant probable que la cause qui les produit est en rapport plus ou moins direct avec les phénomènes volcaniques.

Les bitumes sont des produits volcaniques indirects dont l'origine n'est pas encore bien connue ; mais leur gisement en rapport constant avec les salses, les éruptions gazeuses, les sources thermales et minérales, les dépôts de sel, de gypse et de soufre, leur abondance dans les terrains volcaniques, ne laissent aucun doute à cet égard. Les bitumes sont des matières grasses, plus ou moins liquides ou visqueuses, très-combustibles , composées de carbure d'hydrogène souvent uni à un principe oxygéné. On en distingue plusieurs espèces.

Le *naphte*, qui se trouve rarement pur dans la nature, est un liquide jaunâtre très-fluide, très-inflammable. Lorsqu'il sort du sein de la terre, il est ordinairement mélangé d'une autre matière bitumeuse qui le rend plus ou moins brun et visqueux. On lui donne alors le nom de *pétrole*.

Les naphtes ou pétroles accompagnent presque toujours les salses ou les dégagements de gaz hydrogène carbonné connus sous le nom de *feux perpétuels* ou *sacrés* qui s'échappent de différents lieux de l'intérieur de la terre et ces gaz ayant la même composition que les naphtes, on peut les considérer comme de véritables naphtes à l'état gazeux.

On connaît de nombreuses sources de pétrole en Italie, quelques-unes en France, dans l'Hérault et l'Alsace, en Angleterre, en Bavière, en Suède. Dans l'Ile de Zante, il en existe des lacs ou bassins naturels qui fournissent annuellement plus de cent barils. Ces sources étaient déjà exploitées du temps d'Hérodote. L'Amérique du Nord possède également de nombreuses sources de pétrole ; on sait que l'exploitation de cette substance appliquée à l'éclairage, a pris dans ces derniers temps une importance considérable.

En Asie, les sources de pétrole sont très-répandues ; la localité la plus célèbre sous ce rapport est Bakou, dans le Schirwan ; des salses vomissant leurs torrents de boue, des feux perpétuels, des puits salés, des sources de naphte et de pétrole s'y rencontrent à chaque pas. Les célèbres feux perpétuels de la presqu'île d'Abschéron, autour desquels se réunissent les Guèbres adorateurs du feu, consistent en seize puits de naphte blanc, dont les vapeurs, amenées dans un temple par des tuyaux de bois, brûlent constamment. Le pétrole y pénètre à la surface du sol, qui en est tellement imprégné, qu'il suffit d'enfoncer dans la terre un tuyau d'un pied de long pour en faire sortir un jet de vapeur bitumineuse à laquelle on met le feu. En Perse et en Chine, le peuple emploie fréquemment ce mode d'éclairage. On compte à Bakou quatre-vingt-deux sources qui fournissent annuellement 40,000 quintaux de naphte.

L'*asphalte* est un bitume solide qui provient particulièrement de la mer Morte ou lac Asphaltite, — d'où son nom. — Il s'élève continuellement du fond à la surface des eaux, d'où il est poussé par le vent dans les anses et les golfes le long des côtes où on le recueille, il acquiert de la consistance par son exposition à l'air. Les Arabes le recueillent aujourd'hui et le vendent sous le nom de Karabé de Sodome. On s'en sert pour calfater les navires et les canots, et pour en faire des toiles ou des draps imperméables. Les anciens Égyptiens l'employaient dans la préparation de leurs momies. Il existe en France des gîtes assez considérables d'asphalte impur ou pisasphalte, à Orthez, Pyrimont et Seissel, en Auvergne, etc.; on l'emploie à Paris pour le dallage des trottoirs, pour la couverture des édifices et des terrasses.

Les récits des voyageurs, aussi bien que les écrits des auteurs anciens, tant profanes que sacrés, tendent à prouver que le lac Asphaltite a été le siége de grands phénomènes volcaniques. Tous s'accordent à dire qu'il existait autrefois sur les bords de cette mer de grandes villes qui ont été englouties.

Le bitume asphalte se produit également dans beaucoup d'autres lieux à la surface des eaux ; tel est, entre autres un lac de trois milles de tour qui existe dans l'île de la Trinité.

Nous avons déjà parlé des *geysers*, sources jaillissantes d'eau bouillante, les unes continues, les autres intermittentes, dont il existe un grand nombre

Fig. 85. — Les Geysers d'Islande.

en Islande. Ces eaux s'élèvent en colonne, à la manière des volcans, à des hauteurs quelquefois considérables ; on en cite une qui a 6 mètres de diamètre sur 50 mètres de hauteur. La force qui projette ces masses énormes d'eau bouillante paraît due à l'explosion de la vapeur formée dans le sein de la terre à une profondeur où la chaleur intérieure du globe est considérable. Nous avons vu, en effet, que la température de la terre augmentait d'un degré par 30 mètres, à mesure que l'on descendait vers le centre ; il faudrait donc arriver à une profondeur de 3,000 mètres pour obtenir la température de l'eau bouillante que rejettent les geysers.

Lorsque les eaux pluviales tombent sur une montagne, sur une colline dont le terrain est perméable elle filtre au travers et descend dans l'intérieur du globe, jusqu'à ce qu'elle rencontre une couche imperméable. Alors elle glisse dessus et en suit les sinuosités qui, semblables à des gouttières, la ramènent à la surface dans la partie la plus basse de la plaine environnante. C'est le cas de la plupart des sources et des fontaines que nous voyons, au pied des côteaux, sortir de terre sans bouillonnement et sans violence. Les filets d'eau ainsi produits se réunissent d'abord en ruisseaux, puis en rivières et en fleuves qui vont se jeter dans la mer.

Souvent il arrive que ces couches imperméables sont relevées ou repliées sur elles-mêmes, par l'effet de quelque ancien soulèvement ; les infiltrations s'y rassemblent et y restent comme dans des réservoirs souterrains. Le niveau de ces eaux stagnantes, s'élevant par l'effet des infiltrations toujours affluentes finit par trouver une issue qui conduit au jour le trop plein du réservoir, et il se forme ainsi une source. C'est aussi dans de pareils réservoirs ou lacs souterrains qu'aboutissent nos puits. Il peut arriver aussi que les eaux se soient insinuées entre deux couches imperméables, d'argile par exemple, et que l'ensemble de ces couches soit incliné et plonge sous le sol de la plaine jusqu'à une certaine profondeur. Si, dans cette plaine, on creuse un puits jusqu'à la rencontre de la nappe aquifère, l'eau s'élèvera par cette ouverture jusqu'à ce qu'elle atteigne le niveau de son point de départ. C'est ce qu'on nomme un puits artésien parce que c'est dans l'Artois que paraît avoir été d'abord pratiqué ce genre de puits. Si l'eau de la couche inférieure trouve une ouverture, une fissure naturelle, elle s'y élance pour reprendre son niveau primitif et jaillit hors de terre, c'est alors une *fontaine jaillissante*. Un grand nombre de marais et de lacs sont ainsi alimentés.

Certaines couches aquifères se trouvant à une grande profondeur, leurs eaux ont une température élevée qu'elles conservent en arrivant au jour. Le puits artésien de Grenelle ayant une profondeur de 547 mètres, on pouvait prédire d'avance que ses eaux seraient à environ 25 dégrés, et les eaux chaudes ou thermales de Chaudesaigues dans le Cantal marquant 88°, on peut en conclure qu'elles viennent d'une profondeur de près de 3,000 mètres.

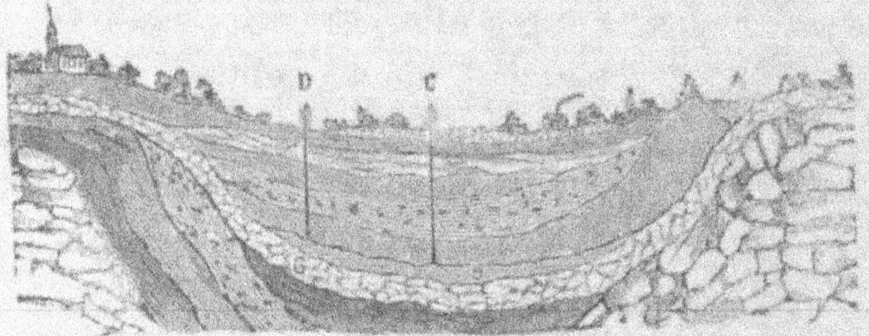

Fig. 99. — Théorie des Puits artésiens.

A Lit d'un ruisseau. B Nappe d'eau souterraine alimentée par des fissures communiquant au ruisseau A. F G Couches imperméables. C D Puits forés.

Les sources thermales sont communes dans toutes les parties du monde. La France en possède un grand nombre. Presque toutes sont situées dans les pays de montagnes, c'est-à-dire dans les contrées ou la nature, au moyen des dislocations causées par les soulèvements, s'est, pour ainsi dire, chargée de creuser elle même des puits artésiens. Venant d'une grande profondeur et traversant par consé juent des terrains très-variés, ces eaux dissolvent les matières minérales qu'elles rencontrent sur leur passage et deviennent souvent ainsi d'un précieux secours pour la médecine.

Ces sources sont ou gazeuses, ou salines, ou sulfureuses, ou chargées de principes métalliques et particulièrement de fer. D'autres tiennent en dissolution de la silice ou du carbonate de chaux qu'elles déposent sur leurs rives, lesquelles, par suite de ces dépôts successifs, s'élèvent, se rapprochent et finissent même quelquefois par former des ponts naturels. Les dépôts siliceux ont généralement peu d'importance, mais il n'en est pas de même des dépôts calcaires qui ont souvent comblé des lacs et formé des bancs de roches d'une étendue considérable, comme à Salle-la-Source, dans l'Aveyron, où une petite rivière se précipite en cascade d'une hauteur de 13 mètres, d'un rocher qu'elle a elle-même formé. A Vichy, à Saint-Allyre, se trouvent des fontaines célèbres par la propriété que possèdent leurs eaux de recouvrir et d'incruster de calcaire les branches, les fruits et les divers objets qu'on y plonge et y abandonne pendant quelques jours.

Un fait qui pourrait faire penser que les eaux minérales et thermales sont formées dans les profondeurs de la terre, outre leur température élevée, c'est qu'en général elles ne sont point du tout influencées par l'état de la surface ; leur température, leur volume et les substances qu'elles tiennent en dissolution sont sensiblement les mêmes dans toutes les saisons.

Les variations de la chaleur, l'air, les vents, la sécheresse, l'humidité, agissent d'une manière très-sensible sur la plupart des substances minérales : il n'est pas une roche à la surface de la terre qui n'en présente des traces. L'action de l'air sur les roches poreuses est très-rapide ; et, en peu d'années, les roches calcaires surtout sont altérées jusqu'à une grande profondeur. La chaleur de l'atmosphère exerce également une action destructive sur la surface des masses minérales solides, en les désagrégeant par les alternatives de condensation et de dilatation que produit son plus ou moins d'intensité. La gelée a une très-forte action désorganisatrice sur les roches, action d'autant plus forte que la roche est plus poreuse et qu'elle laisse plus facilement pénétrer l'eau.

On sait que par un abaissement suffisant de la température, l'eau se congèle, ce qui produit dans son volume environ un douzième d'augmentation ; or si l'eau dont une roche est pénétrée éprouve l'effet de la gelée, la dilatation de volume qui s'ensuit produit dans le corps qui la recèle des fissures plus ou moins grandes qui y déterminent peu à peu des ruptures complètes.

L'eau des pluies, soit à l'état liquide soit sous forme de neige, exerce une action chimique sur quelques substances qu'elle peut dissoudre, ou une action mécanique, en ramollissant certains terrains, au point que leurs masses ne peuvent plus se soutenir sur les pentes et qu'elles s'écroulent sous leur propre poids.

La gelée, la pluie, les vents détachent donc chaque jour des rochers des montagnes; les avalanches de neige entraînent parfois des pics tout entiers, témoin la Dent du Midi dans les Alpes qui, sous l'action de ces causes réunies, a fini par s'écrouler et par joncher le sol de ses débris. Les granits eux-mêmes, malgré leur dureté, sont corrodés et désagrégés par les agents atmosphériques, et il n'est pas rare, dans les pays de montagnes, d'en rencontrer des blocs dont la masse a été comme feuilletée. Souvent la matière moins résistante au milieu de laquelle ils se trouvaient enclavés ayant été entraînée par les pluies et les gelées, un énorme quartier de roc ne portant plus que sur un de ses angles, et n'ayant plus qu'un équilibre instable, cède à l'impulsion de la main. Telle est le plus ordinairement l'origine de ces pierres branlantes ou pierres des fées, que la tradition explique toujours par quelque poétique légende.

Si l'eau de la pluie, tombant goutte à goutte, finit par percer les rochers les plus durs, le choc répété des vagues contre les falaises des côtes exerce une action plus destructive encore. Rongés à leur base, ces rochers s'écroulent et leurs débris, jouets des eaux, sont sous forme de galets arrondis, transportés sur de lointains rivages; car, ici comme partout, s'établit un certain équilibre, et ce que la mer gagne d'un côté, elle le perd de l'autre par les atterrissements qu'elle forme.

Les fleuves produisent aussi des atterrissements, en accumulant à leur embouchure les terres qu'ils arrachent de leurs bords. Tels sont les deltas célèbres du Nil, du Gange et du Rhône, et les alluvions au milieu desquelles le Rhin, en arrivant à

la mer, se divise en une multitude de petites
branches. Quand ce sont des sables ou des graviers
que charrient ainsi les fleuves, ces matières, au lieu
de se déposer à la droite et à la gauche des courants
gagnent la pleine mer, et, se précipitant aux points
où le courant a perdu toute sa force, forment comme
des digues sous-marines, des *barres* qui obstruent
l'entrée des fleuves et opposent à la navigation les
plus dangereux obstacles.

Nos rivières d'Europe ne fournissent que des alluvions de peu d'importance, si on les compare à

Fig. 100. — Falaises désagrégées par les vagues.

celles formées par les fleuves qui traversent les immenses solitudes de l'Amérique tels que l'Amazone
et le Mississipi ; on a évalué à plusieurs millions
de mètres cubes la masse de matières, tant minérales que végétales, qu'entraînent chaque jour ces
fleuves à la mer. Le banc de Terre-Neuve d'une surface presque égale à la moitié de celle de la France est
en partie le résultat des atterrissements séculaires
du Saint-Laurent. Certaines rivières déposent des
alluvions, non-seulement à leur embouchure, mais
dans leur propre lit qui s'exhausse ainsi de plus en

12

plus. C'est ainsi que le Pô offre le phénomène singulier d'un fleuve dont les eaux, sur certains points de son parcours, sont plus élevées que le toit des maisons des villes qu'elles traversent.

Les débris de roches détachés par la mer, roulés sur le fond et frottés les uns contre les autres, s'arrondissent et deviennent des galets, que le flot dépose sur le rivage, où ils forment ces espèces de digues, qui marquent, sur chaque plage, la zone où viennent mourir les vagues. Poussés par les courants, ces galets se brisent, et chaque parcelle qu'ils perdent en chemin devient un grain de sable, de sorte que, à quelque distance des falaises le galet devient de plus en plus rare et le sable plus abondant.

En relevant et amoncelant le sable des côtes, les vents forment les *dunes*. Ce sont des collines de 20 à 40 mètres de hauteur, constituant en général une série de chaînes parallèles aux *côtes*. Le sable qui se trouve au sommet des dunes, étant chassé

Fig. 161. — Marche des dunes.

par le vent, tombe de l'autre côté de ces collines, dont la base, en s'élargissant de ce côté, empiète de plus en plus sur la plaine, pendant que le vent de mer relève de nouveau sable jusqu'à la cime des monticules, pour le rejeter encore sur la pente opposée. De ce mouvement continuel il résulte que les dunes avancent constamment vers l'intérieur, engloutissant sur leur passage tout ce qu'elles rencontrent. Leur marche est heureusement assez lente, car, en moyenne, elle ne dépasse pas deux ou trois mètres par an. Il en est cependant qui avancent très-rapidement ; c'est ainsi que dans les Landes et dans la Loire-Inférieure, on a vu des villages ensevelis sous les sables en quelques années.

L'ingénieur Brémontier a calculé que l'Océan déposait annuellement plus d'un million de mètres cubes de sable sur les côtes de Gascogne, et tendait ainsi peu à peu à combler le golfe formé par ces côtes et celles de Biscaye.

C'est à cet ingénieur qu'est due l'heureuse idée
d'arrêter la marche des dunes, en les consolidant
au moyen de graminées à racines traçantes, de
genets et de pins maritimes. Aujourd'hui les dunes
de Gascogne sont en partie fixées et recouvertes
de vastes forêts, d'essence résineuse, dont les produits acquièrent chaque jour une plus grande importance.

Une cause non moins puissante que ces effets
mécaniques sur la formation des sédiments est l'accumulation des débris animaux qui ont vécu dans
ces milieux et dont le rôle a été longtemps mal ap-
précié.

Les travaux microscopiques ont fait reconnaître
que l'importance des êtres organisés dans la composition des couches de sédiment était en raison
inverse de leurs dimensions, et que les infiniment
petits jouent un rôle considérable dans la formation
des terrains. Nous avons vu déjà que la craie qui
constitue des couches si puissantes et si étendues
n'était composée que de débris et de tests d'animaux inférieurs, que le tripoli et le minerai de fer
des marais étaient entièrement composés des débris
de diatomées et d'infusoires. Le sable du littoral
des mers est tellement riche en coquilles microscopiques, des formes les plus variées et les plus élégantes, que souvent il en est composé pour moitié.
D'Orbigny n'en comptait pas moins de 480 000 dans
dix grammes de sable provenant des Antilles. Si
l'on remarque qu'il en est de même sur la plupart
des côtes et au fond de toutes les mers, on recon-
naîtra qu'aucune autre sorte d'êtres organisés n'est
comparable à celle-ci. Ces corps dont beaucoup
n'ont que 1/5e de millimètre de diamètre constituent
une grande partie des bancs de sable qui gênent la
navigation, obstruent les golfes, les détroits et com-
blent les ports comme celui d'Alexandrie.

Les constructions élevées par le travail incessant
des polypes et qui forment des îles au milieu de
l'Océan ou des récifs le long des continents est un
des phénomènes biologiques les plus curieux de la
nature actuelle, et celui qui se produit sur la plus
vaste échelle.

Dans les mers du Sud qui, aujourd'hui renferment
un si grand nombre d'îles, il n'en existait autrefois

que très peu ; mais seulement une multitude de
montagnes sous-marines presque toutes d'origine
volcanique et dont les sommets étaient de dix à
quarante mètres au dessous du niveau de la mer.
Sur ces sommets, sur les bords relevés de ces cratères, se sont établis des myriades de petits animaux gélatineux, presque invisibles à l'œil nu, des
polypes, qui, au moyen de la liqueur calcaire qu'ils
sécrètent comme les mollusques à coquille, se sont
construit des ruches solides et de forme tantôt sphérique, tantôt arborescente (Madrépores, coraux). A

Fig. 102. — Le corail et son polypier.

une première génération de ces animalcules en ont
succédé d'autres, qui, sur les ruches ou polypiers
laissés par leurs prédécesseurs, en ont construit
d'autres, et cela sans relâche, jusqu'à ce que ces édifices amoncelés se soient élevés à fleur d'eau.

Ces récifs madréporiques, ces forêts de coraux en-
trelacés ont bientôt été couverts par les algues que
rejetait la mer et aussi par le guano qu'y déposaient
des milliers d'oiseaux pêcheurs dont elles étaient le
refuge. Une végétation active n'a pas tardé à s'y
établir ; les débris des végétaux ont de plus en plus

exhaussé le sol et, grâce aux travaux de ces petits
êtres, en apparence si méprisables, de florissants
archipels sont venus embellir les mers.

On a évalué l'accroissement des polypiers à 4 ou
5 millimètres par an, et comme il y a de ces récifs
qui ont une épaisseur de 600 mètres, leur formation
d'après l'évaluation précédente aurait exigé au
moins 120,000 ans.

———

Bien que la Terre jouisse, en ce moment, de ce
calme nécessaire à l'évolution des êtres qui vivent à
sa surface, les forces physiques s'y manifestent sans
cesse par des effets de diverses sortes. L'homme
est encore trop nouveau sur le globe, pour que les
quelques dizaines de siècles qu'embrassent ses chro-
niques lui suffisent pour constater encore des changements bien notables, et il croit volontiers que la
nature organique, qui n'a cessé de se modifier depuis l'origine des choses, est devenue immobile ;
que les lois qui ont régi sur la Terre l'apparition et
la succession des êtres organisés, depuis la première flore et la première faune, ne sont plus que
des lois de conservation. Il croit, en un mot, que la
création est finie parce qu'il est arrivé. Mais rien
ne prouve qu'il en soit ainsi ; nul ne connaît
la destinée de notre planète, et le tableau de son état
actuel n'est probablement pas le dernier qu'éclairera
le Soleil.

Comme tout ce qui est né, la Terre doit probablement mourir un jour. Plusieurs hypothèses ont été
mises en avant sur la fin qui lui est réservée ; nous
les avons rapportées dans le cours de cette histoire.
Il n'est plus à craindre aujourd'hui que le choc
d'une comète la réduise en poudre ; les astronomes
ont fait justice de cette lugubre prédiction. L'extinction absolue de son foyer intérieur ne peut pas plus
entraîner sa mort ; car le célèbre mathématicien
Fourrier a calculé que l'influence de cette chaleur
intérieure sur la surface ne dépassait pas un trentième de degré. Toute la chaleur dont nous jouissons nous vient du Soleil ; tant que cet astre, d'où
dépendent tous les phénomènes de la vie actuelle sur

le globe, conservera les propriétés qui concourent à leur production, la Terre continuera à se parer de fleurs et de fruits, et à nous combler de ses dons.

Mais si, comme tout semble le prouver, le Soleil a la même origine et la même composition que les planètes qui se meuvent autour de lui, il devra passer aussi par les mêmes phases de refroidissement. Et lorsqu'à son tour il sera devenu un soleil éteint, les planètes n'en continueront pas moins à se mouvoir dans un milieu qui ne sera plus éclairé et échauffé que par le rayonnement stellaire. Alors la vie aura depuis longtemps cessé à la surface de la Terre, roulant dans l'espace sans lumière et sans chaleur.

Cette triste conclusion est heureusement fort éloignée de nous, car il est rigoureusement démontré que depuis les observations de l'école grecque d'Alexandrie jusqu'à nous, la chaleur solaire n'a pas diminué de la trois centième partie d'un degré.

FIN

# TABLE DES MATIÈRES



FIN DE LA TABLE


203 — Abbeville, imp. Briez, C. Paillart et Retaux.